Abdelaziz Bouchikhi

Modèle Fluide d'ordre deux en 1D et 2D d'une Décharge Luminescente

Abdelaziz Bouchikhi

Modèle Fluide d'ordre deux en 1D et 2D d'une Décharge Luminescente

Les trois moments de l'équation de Boltzmann

Presses Académiques Francophones

Mentions légales / Imprint (applicable pour l'Allemagne seulement / only for Germany)
Information bibliographique publiée par la Deutsche Nationalbibliothek: La Deutsche Nationalbibliothek inscrit cette publication à la Deutsche Nationalbibliografie; des données bibliographiques détaillées sont disponibles sur internet à l'adresse http://dnb.d-nb.de.

Toutes marques et noms de produits mentionnés dans ce livre demeurent sous la protection des marques, des marques déposées et des brevets, et sont des marques ou des marques déposées de leurs détenteurs respectifs. L'utilisation des marques, noms de produits, noms communs, noms commerciaux, descriptions de produits, etc, même sans qu'ils soient mentionnés de façon particulière dans ce livre ne signifie en aucune façon que ces noms peuvent être utilisés sans restriction à l'égard de la législation pour la protection des marques et des marques déposées et pourraient donc être utilisés par quiconque.

Photo de la couverture: www.ingimage.com

Editeur: Presses Académiques Francophones est une marque déposée de
Südwestdeutscher Verlag für Hochschulschriften GmbH & Co. KG
Heinrich-Böcking-Str. 6-8, 66121 Sarrebruck, Allemagne
Téléphone +49 681 37 20 271-1, Fax +49 681 37 20 271-0
Email: info@presses-academiques.com

Produit en Allemagne:
Schaltungsdienst Lange o.H.G., Berlin
Books on Demand GmbH, Norderstedt
Reha GmbH, Saarbrücken
Amazon Distribution GmbH, Leipzig
ISBN: 978-3-8381-7029-9

Imprint (only for USA, GB)
Bibliographic information published by the Deutsche Nationalbibliothek: The Deutsche Nationalbibliothek lists this publication in the Deutsche Nationalbibliografie; detailed bibliographic data are available in the Internet at http://dnb.d-nb.de.

Any brand names and product names mentioned in this book are subject to trademark, brand or patent protection and are trademarks or registered trademarks of their respective holders. The use of brand names, product names, common names, trade names, product descriptions etc. even without a particular marking in this works is in no way to be construed to mean that such names may be regarded as unrestricted in respect of trademark and brand protection legislation and could thus be used by anyone.

Cover image: www.ingimage.com

Publisher: Presses Académiques Francophones is an imprint of the publishing house
Südwestdeutscher Verlag für Hochschulschriften GmbH & Co. KG
Heinrich-Böcking-Str. 6-8, 66121 Saarbrücken, Germany
Phone +49 681 37 20 271-1, Fax +49 681 37 20 271-0
Email: info@presses-academiques.com

Printed in the U.S.A.
Printed in the U.K. by (see last page)
ISBN: 978-3-8381-7029-9

TABLE DES MATIERES

INTRODUCTION

L'étude des décharges hors-équilibres, aussi bien d'un point de vue expérimental que numérique, a pour objectif de mieux comprendre les phénomènes de base pour mieux connaître les propriétés électriques du plasma pour ensuite essayer de prédire par le calcul basé sur un modèle de décharge les conditions optimales de fonctionnement de la décharge en vue de telle ou telle application.

Cette étude est motivée par l'intérêt que suscite ce type de décharge dans de nombreuses applications industrielles. En effet, le domaine de l'ingénierie des plasmas froids s'est développé durant les dernières décennies pour couvrir un grand nombre d'applications dont les retombées économiques sont fort importantes. Les plasmas des décharges froides qu'elles soient luminescentes ou couronnes sont caractérisés par un rapport entre la température des électrons et celle du gaz, compris entre 1000 et plus. Cette absence d'équilibre entre les deux températures permet d'obtenir un plasma dans lequel la température du milieu gazeux peut être voisine de la température ambiante alors que des électrons peuvent y acquérir des énergies suffisamment élevées pour faire avec les molécules et/ou les atomes du gaz, des collisions inélastiques d'ionisation, d'attachement et d'excitation. Les propriétés thermodynamiques de ces plasmas froids rendent alors les décharges de ce type particulièrement bien adaptées pour le traitement de surface de matériaux sensibles à la chaleur tels que les polymères.

A l'heure actuelle, on sait que pour entreprendre la modélisation des décharges en particulier hors-équilibre, la difficulté ne se situe pas vraiment au niveau des méthodes de résolutions des équations hydrodynamiques ou des équations de conservation des particules (modèle macroscopique), ni au

1

niveau de la résolution directe ou par des méthodes Monté Carlo de l'équation de Boltzmann des différentes particules (modèle particulaire). En effet, la communauté scientifique est actuellement capable de développer des modèles macroscopiques et microscopiques (dans un moindre degré) en géométrie multi-dimensionnelle, en régime évolutif, etc..

Mais, le principal obstacle se situe au niveau de la connaissance (préalable à tout modèle) des données de base qui sont les sections efficaces de collision pour les modèles microscopiques et les paramètres de transport pour les modèles hydrodynamiques.

Notre étude s'insère dans le domaine de la physique des plasmas froids non-thermiques. Ce milieu gazeux est composé d'un océan d'espèces neutres moléculaires et atomiques dans lequel se trouvent des particules chargées (électrons, ions positifs et négatifs)

Du fait de leurs grandes applications industrielles, les décharges luminescentes ont été beaucoup étudiées à la fois expérimentalement et théoriquement [1-6]. La modélisation de ces décharges permet de comprendre leur comportement général, d'où le contrôle et l'optimisation des réacteurs à plasma dans les différents secteurs. Elles ont envahi des domaines d'importance vitale, tels que, la gravure, le dépôt de couches minces, l'analyse de pureté, les lampes à décharge basse pression ou encore les écrans à plasma fonctionnent à l'aide de décharges luminescentes.

L'élaboration de modèles numériques de la décharge luminescente a pour but la description de l'évolution des caractéristiques du plasma (espèces chargées, processus de gain et de pertes, interaction entre particules,...) au vu des conditions de fonctionnement de celui-ci. Cette description peut se faire soit de manière macroscopique en étudiant les grandeurs moyennes du plasma, on parle alors de modèles fluides, soit de manière microscopique et on parle alors de modèles particulaires.

L'une des premières modélisations de la décharge luminescente a été faite par Word[7], qui a étudié les caractéristiques de la chute cathodique. Lowke et al [8], Neuringer [9], Davies et al [10] ont attaqués le problème en employant les équations différentielles du flux électronique couplé à l'équation du champ électrique. En 1986 Bayle et al [11], ont étudiés la région cathodique d'une décharge dans le régime alternative dans un gaz CO_2 avec un ensemble agrandi des équations. Ainsi, en 1986 Graves et al [12] ont présentés des modèles pour les régimes continus et alternatifs de la décharge, basés sur les équations d'équilibre des densités des particules chargées, la densité d'énergie électronique et l'équation de Poissons, aussi bien que pour le flux total d'énergie électronique et le taux d'ionisation. Un modèle mathématique comprenant un gaz électronégative a été élaboré par Thompson et al [13], et Bœuf [14]. Le modèle de Bœuf est constitué par les trois équations de continuité pour les espèces chargées et couplées de façon auto cohérente avec l'équation de Poissons. Mais il n'a pas considéré la dépendance d'énergie électronique aux taux des réactions de la décharge.

L'objet de ce travail est l'étude par le modèle fluide d'ordre deux en 1D et 2D de la cinétique des électrons et des ions dans l'argon dans une décharge luminescente basse pression en régime continu [15].

A cet effet, ce mémoire de thèse est composé des chapitres suivants :

Le chapitre I, présente les généralités sur la décharge luminescente avec l'introduction de la terminologie qui facilite la discussion des résultats. La deuxième partir, tend à montrer la place prépondérante des plasmas dans le développement technologique de certains domaines. Cette seconde propriété entraîne la production par impact électronique d'espèces excitées, ionisées et dissociées. Ce sont les propriétés de ces espèces qui sont exploités dans les diverses applications de la technologie plasma: lampes à décharges, lasers à gaz, pulvérisation et gravures par plasma, nitruration ionique, traitement de surface, système de dépollution, etc...

Nous présenterons dans ce chapitre la structure de deux types de modèles cités plus haut. Nous décrirons aussi quelques structures de modèles hybrides dans lesquelles les deux approches microscopiques et macroscopiques sont combinées pour décrire le comportement du plasma.

Le deuxième chapitre sera consacré à la description du modèle fluide de la décharge luminescente. Les grandes lignes, aussi bien du modèle monodimensionnel que bidimensionnel seront données. Nous présenterons ensuite en détail les structures de ces deux modèles, le système d'équations et les hypothèses établies.

Si pour les méthodes particulaires, aucune hypothèse n'est à formuler, en revanche, il est indispensable de formuler certaines hypothèses simplificatrices pour les modèles fluides. Les paramètres de transport des espèces chargées du plasma étant des données du modèle et déduites de la fonction de distribution des électrons, une des hypothèses principales du modèle concernent la forme de cette dernière.

Le schéma de résolution est basé sur l'algorithme de Thomas pour le modèle 1D et la méthode itérative de sur-relaxation combinée avec la méthode de Thomas pour le modèle 2D. Sont également présentées les conditions aux limites, les données de base, et les paramètres d'entrée.

Le troisième chapitre concerne l'application du schéma des différences finies aux décharges électriques de type luminescent. Nous étudions dans ce chapitre le comportement de la décharge luminescente dans l'argon dans une configuration géométrique cartésienne. Nous présentons les distributions monodimensionnelle du potentiel, du champ électrique, du terme source d'ionisation et de la densité des particules chargées ainsi que d'autre grandeurs à l'état stationnaire.

Dans le but de valider notre code numérique, un test de validité est effectué par comparaison de nos résultats avec ceux issus de la littérature. Nous avons également mené une étude sur les propriétés de la décharge luminescente dans laquelle nous avons constaté les effets de la tension, le coefficient d'émission secondaire et de la pression pour l'état stationnaire.

Le dernier chapitre est consacré à l'étude bidimensionnelle de la décharge luminescente dans le régime subnormal. Le régime subnormal succède à la décharge de Townsend. Le plasma s'étend progressivement vers la cathode. Cette évolution est accompagnée par une diminution de potentiel aux bornes de la décharge. Les distributions spatiales en 2D de la décharge sont présentées.

CHAPITRE I

APERCU SUR LES DECHARGES LUMINESCENTES ET LEURS MODELISATIONS

I-1 INTRODUCTION

Dans la nature, les plasmas constituent le quatrième état de la matière après les états solides et gazeux. Le terme plasma a été introduit par Langmuir pour désigner le gaz ionisé produit dans une décharge électrique. On parle de décharge électrique pour décrire tout mécanisme de passage du courant dans un gaz. Le terme de décharge doit son origine au fait que la première méthode d'obtention de ces courants a été la décharge de condensateurs dans l'air. Il est resté communément employé par la suite, même en l'absence de transfère effectif de charges. De nos jours, les décharges électriques dans les gaz suscitent un regain d'intérêt qui tient à leurs applications potentielles ou déjà mises en œuvre au laboratoire ou dans l'industrie. Ces applications utilisent tout ou une partie des espèces présentes dans le plasma: électrons, ions, espèces neutres réactives qui sont les agents d'une physico-chimie de volume ou de surface peu coûteuse en énergie. Les progrès réalisés simultanément dans la modélisation numérique et dans les techniques de caractérisation expérimentale rendent plus aisé aujourd'hui le choix d'une décharge et la maîtrise de sa phénoménologie, en fonction du but de recherche.

I-2 CARACTERISTIQUE COURANT- TENSION

Le comportement électrique d'une décharge luminescente est caractérisé par la courbe tension–courant de l'état stationnaire. La caractéristique typique, pour une configuration des électrodes planes et parallèles est montrée schématiquement sur la figure (I-1).

La zone 2 (Fig I-1) correspond à la décharge dite décharge de Townsend ou décharge sombre. La charge d'espace est faible et ne suffit pas encore à rendre inhomogène de manière significative le champ dans l'espace inter–électrodes. L'ionisation et/ou l'excitation du gaz est faible, de ce fait on n'observe pas d'émission de lumière appréciable provenant de la décharge. La décharge luminescente, qui fait principalement l'objet de notre étude, occupe les zones 3, 4 et 5 de la courbe courant-tension. Dans la littérature, on distingue trois régimes différents selon la pente de la caractéristique : la décharge luminescente subnormale (partie négative BC), la décharge luminescente normale (partie plate CD) et la décharge luminescente anormale (partie positive DE).

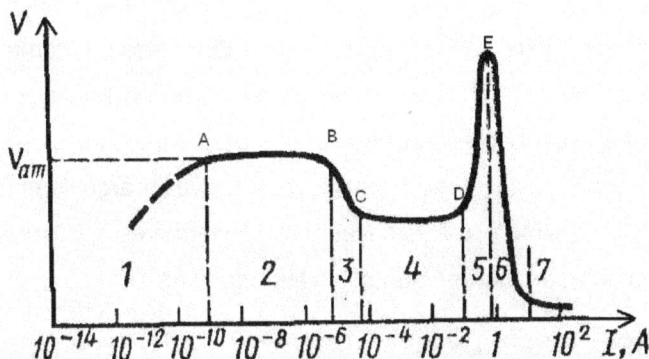

Figure I-1 : *Caractéristique courant-tension d'une décharge luminescente à électrodes planes parallèles; (AB) décharge de Townsend, (BC) décharge luminescente subnormale, (CD) décharge luminescente normale, (DE) décharge luminescente anormale. V_{am} représente le potentiel d'amorçage*

La densité de courant devient suffisante au voisinage du point B pour que la charge d'espace commence à modifier le champ électrique. L'ionisation et/ou l'excitation du gaz dans le champ modifié est plus efficace et si intense que la décharge devient visible. La résistance du gaz diminue et une tension aux bornes de la décharge plus faible est suffisante pour que la décharge soit auto–entretenue. La pente de la caractéristique est donc négative dans le régime subnormal.

La tension ne change que légèrement tandis que le courant croît considérablement dans le régime normal. Seule une partie de la cathode est couverte par la décharge. Avec une augmentation du courant, la décharge s'étend radialement et couvre progressivement toute la surface cathodique. La propriété la plus remarquable du régime normal est que la densité du courant reste pratiquement constante sur l'axe de la décharge pendant son expansion radiale.

Lorsque la décharge couvre toute la cathode, l'augmentation du courant nécessite une tension aux bornes de la décharge plus grande pour intensifier les processus d'émission secondaire sur la cathode et la caractéristique tension–courant devient positive dans le régime anormal. L'augmentation de tension est liée également à l'augmentation des pertes, notamment dans la colonne positive. La décharge s'étend dans la direction axiale vers la cathode en diminuant, ainsi l'épaisseur de la gaine et la zone lumineuse est de plus en plus proche de la surface cathodique. La décharge luminescente est entretenue uniquement par les électrons secondaires qui sont émis de la cathode bombardée par des particules lourdes (ions).

I-3 DECHARGE LUMINESCENTE

La densité de courant dans la décharge autonome sombre (deuxième décharge de Townsend) étant de l'ordre de 10^{-11} à 10^{-2} A/m^2, la charge d'espace dans l'intervalle de décharge est si faible qu'elle est sans effet sur la répartition du champ électrique. Si l'on diminue la résistance ballast insérée dans le circuit extérieur, le courant de décharge et donc la charge spatiale croissent et, lorsque le courant atteint une valeur déterminée, la décharge sombre se transforme rapidement en une décharge luminescente avec une densité suffisamment élevée de la charge spatiale et une répartition essentiellement non uniforme du champ le long de l'intervalle de décharge. En même temps la tension sur le tube à décharge tombe de plusieurs centaines ou même milliers de volts à une valeur de l'ordre de 70 à 300 V. A la décharge luminescente normale correspond la partie 4 de la caractéristique courant-tension représentée sur la figure (I-1). La décharge s'amorce en règle générale pour des pressions de 1 à 100 Pa et se caractérise par un courant assez faible (10^{-4} à 1 A) et par une tension relativement élevée dans le tube à décharge (quelques centaines de volts). La décharge luminescente peut s'effectuer également à la pression atmosphérique normale, mais pour éviter un échauffement anormal de la cathode et le passage à la décharge en arc, on doit prévoir un refroidissement artificiel de la cathode du tube. On peut distinguer dans la décharge luminescente plusieurs zones ou régions successives dans lesquelles les processus d'excitation, d'ionisation et de recombinaisons de charges se déroulent différemment. Dans des tubes à décharge de grande longueur, à basse pression, ces régions peuvent s'observer directement d'après la différente intensité de luminescence du gaz. La figure (I-2) montre les zones d'une décharge luminescente et leurs aspects lumineux (a) ainsi que la répartition de l'intensité de luminescence J (b), du potentiel V(c), de l'intensité du champ E (d) et de la densité de charge ρ (e) entre la cathode K et l'anode A. La physique des phénomènes qui se déroulent dans les différentes zones de la décharge luminescente peut se décrire qualitativement de la façon suivante (les numéros des zones correspondent à ceux de la figure (I-2).

I-3-1 Espace sombre d'Aston

La zone 1 de la figure (I-2) représente l'espace sombre d'Aston. C'est une zone mince adjacente à la cathode. Les électrons émis par la cathode sous le choc des ions positifs n'ont pas encore une vitesse suffisante pour exciter le gaz qui reste donc sombre (pas de radiations émises), ils ne peuvent que participer à des collisions élastiques avec les atomes gazeux.

I-3-2 Gaine cathodique

La zone 2 de la figure (I-2) illustre la gaine cathodique. Accélérés par le champ intense qui règne dans l'espace sombre d'Aston, les électrons acquièrent une énergie suffisante pour l'excitation des atomes de gaz qui passent ensuite à l'état non excité avec émission de radiations en formant ainsi une zone nettement délimitée que l'on appelle gaine cathodique ou premier espace lumineux cathodique. Un électron entre en collision inélastique avec un atome d'autant plus prés de l'anode que son énergie est plus grande et donc l'excitation de l'atome est plus forte. C'est pourquoi l'énergie des quantum émis par des atomes excités et la fréquence de rayonnement augmente dans la partie de la gaine cathodique qui est située plus prés de la cathode.

I-3-3 Espace sombre cathodique (de Crookes)

La zone 3 de la figure (I-2) montre l'espace sombre cathodique. Lorsque les électrons acquièrent une énergie suffisante pour l'ionisation des atomes gazeux, l'intensité de la luminescence diminue et il se forme un deuxième espace sombre cathodique ou espace de Crookes. C'est ici que commencent les avalanches électroniques. Les atomes excités sont peu nombreux parce que la probabilité d'excitation pour de telles énergies des électrons est faible. La recombinaison des électrons et des ions est elle aussi peu probable du fait de leur grande vitesse relative. La mobilité des électrons étant sensiblement plus grande que celles des ions positifs, c'est la charge positive des ions lents qui prédomine dans cet espace.

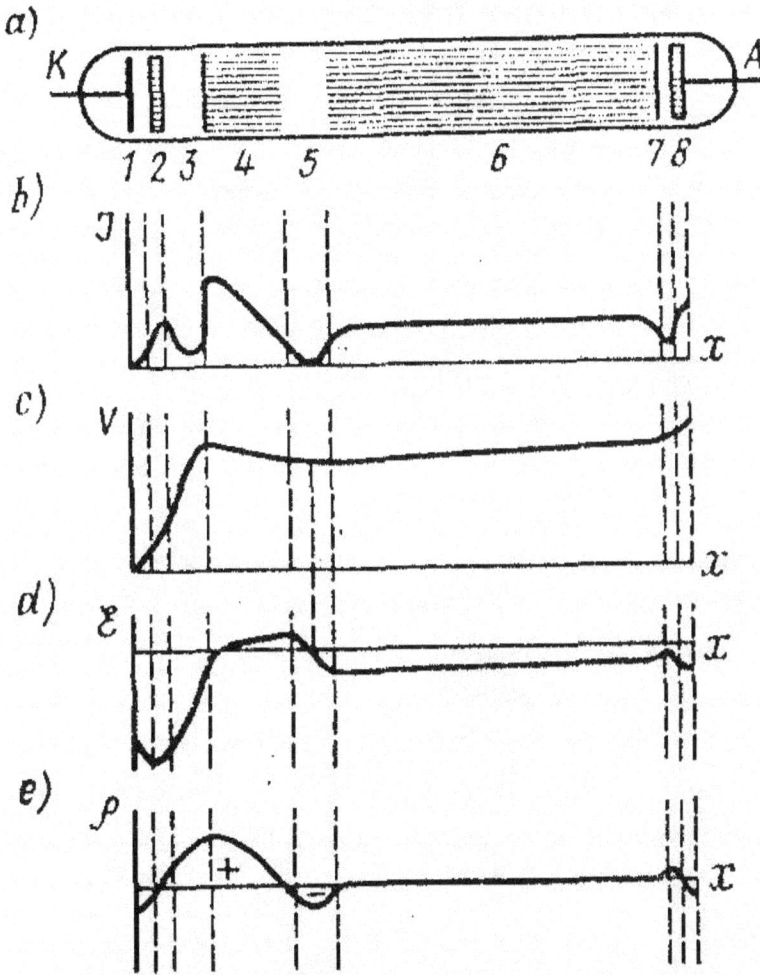

Figure I-2: *Classification d'une décharge luminescente à électrodes planes parallèles*

I-3-4 Lumière négative ou cathodique

La zone 4 de la figure (I-2) représente la lumière négative ou cathodique. En se développant, les avalanches électroniques assurent un haut degré d'ionisation du gaz, c'est pourquoi la conductivité des autres zones de la décharge est beaucoup plus élevée que celle du domaine de chute de tension cathodique et la variation du potentiel y est faible, de sorte que les charges se déplacent sans subir presque aucune accélération par le champ. Leur mouvement d'ensemble se transforme rapidement en un mouvement désordonné, l'énergie moyenne diminue et devient insuffisante pour l'ionisation des atomes gazeux. La probabilité d'excitation des atomes par des électrons secondaires produits par ionisation et par des électrons primaires ayant conservé une partie de leur énergie après l'acte d'ionisation, augmente de nouveau. C'est ainsi qu'apparaît une nouvelle zone lumineuse appelée lumière négative ou cathodique. L'émission de radiations est due non seulement à la désexcitation des atomes excités mais également à la recombinaison des électrons lents et des ions positifs. A mesure que l'on s'éloigne de la cathode, la vitesse des électrons diminue progressivement, ce qui fait décroître la probabilité d'excitation et l'intensité de la lumière émise. La frontière de droite de cette zone peut être considérée comme une limite que peuvent atteindre les électrons accélérés dans l'espace sombre cathodique. La frontière nette de la lumière négative du côté de la cathode représente la limite de diffusion des électrons lents se dirigeant vers la cathode. Prés de la frontière de la lumière négative ils sont arrêtés par le champ intense qui règne dans l'espace sombre cathodique. L'accumulation des électrons lents dans la zone de la lumière négative conduit à la compensation de la charge positive des ions (Fig I-2) et à une certaine baisse du potentiel.

I-3-5 Espace sombre de Faraday

La zone 5 de la figure (I-2) illustre l'espace sombre de Faraday. L'énergie des électrons diminue par suite des collisions inélastiques tant que les électrons ne deviennent capables d'effectuer que des collisions élastiques. La luminescence décroît de nouveau d'où l'apparition d'une nouvelle zone obscure appelée espace sombre de Faraday.

I-3-6 Colonne positive

La zone 6 de la figure (I-2) correspond à la colonne positive. La plus grande partie du tube à décharge est occupée par la colonne positive, c'est-à-dire une zone de gaz hautement ionisé (plasma) caractérisée par une concentration sensiblement identique des charges positives et négatives. La diffusion des porteurs de charge vers les parois du tube dans l'espace sombre de Faraday et dans la colonne positive a pour effet de provoquer une diminution de leur concentration dans la région centrale et une baisse de la conductivité. Il en résulte une légère élévation du potentiel le long de la colonne positive (Fig I-2, C), et un échauffement du gaz électronique dans le champ électrique qui est porté à des températures auxquelles l'énergie des électrons devient suffisante pour l'ionisation du gaz dans la mesure nécessaire pour compenser le départ de charges vers les parois. La diffusion des charges vers les parois, le gradient de potentiel le long de la colonne et donc la température du gaz électronique sont d'autant plus faibles que le diamètre du tube à décharge est plus grand. Corrélativement, l'intensité de la lumière émise par le plasma excité par des chocs électroniques diminue lorsque le diamètre du tube augmente

I-3-7 Espace sombre anodique et lumière anodique

Si les concentrations des charges positives et négatives sont à peu près les mêmes dans la colonne positive, elles deviennent différentes au voisinage de l'anode par suite du mouvement des ions positifs vers la cathode et des électrons vers l'anode. Il en résulte une croissance de l'intensité du champ électrique régnant entre la colonne et l'anode et l'apparition d'une chute de tension anodique nécessaire pour assurer la constance du courant total dans cette zone de la décharge. Le signe de la chute anodique dépend des dimensions de l'anode. Le courant circulant vers l'anode se détermine par le nombre d'électrons qui diffusent à partir de la colonne positive; si les dimensions de l'anode sont petites, ce courant peut se trouver inférieur au courant d'électrons qui s'en vont dans le circuit extérieur. Dans ce cas le potentiel de l'anode s'élève de telle sorte que le soutirage des électrons à la colonne positive augmente et le nombre d'électrons du plasma attirés vers l'anode devient égal au nombre d'électrons qui quittent l'anode pour le circuit extérieur (chute anodique positive). Lorsque les dimensions de l'anode sont suffisamment grandes, le courant d'électrons arrivant sur l'anode depuis la décharge excède le courant dans le circuit extérieur et, pour supprimer cette inégalité, le potentiel de l'anode baisse automatiquement (chute anodique négative). Le signe de la chute anodique dépend également en large part de la forme de la surface anodique et du degré de compensation de la charge spatiale négative des électrons par des ions positifs au voisinage de l'anode. Lorsque la chute anodique est positive, les électrons en mouvement vers l'anode sont accélérés et acquièrent une énergie suffisante pour l'excitation et même pou l'ionisation des atomes gazeux. C'est pourquoi une lumière (Fig. I-2, zone 8) apparaît au voisinage immédiat de l'anode, étant séparée de la colonne positive par un espace sombre anodique (Fig. I-2, zone 7). L'entretien d'une décharge luminescente n'exige que la participation de ses zones cathodiques (1 à 4) qui assurent l'ionisation du gaz. La colonne positive est une région à conductivité élevée qui relie les zones cathodiques de la décharge à l'anode. Dans les zones cathodiques le mouvement ordonné des électrons l'emporte sur leur mouvement désordonné, de sorte qu'en cas de rotation de la cathode par rapport à l'anode les zones cathodiques conservent leur position par rapport à la cathode alors que la partie restante de la décharge se trouve occupée par la colonne positive de forme quelconque dans laquelle les porteurs de charges se déplacent principalement par diffusion. Lorsque la distance entre l'anode et la cathode diminue, la colonne positive se raccourcit et peut disparaître complètement. A mesure que l'on rapproche l'anode de la cathode, l'espace sombre de Faraday et la lumière négative disparaissent eux aussi de même que la colonne positive. Lorsque l'anode s'approche de la frontière de la lumière négative située plus près de la cathode, c'est-à-dire lorsque l'anode est introduite dans la région où se forment les avalanches électronique (zone 3 de la figure (I-2)), la décharge cesse si l'on n'élève pas, pour son entretien, l'efficacité des processus d'ionisation en augmentant à cet effet la tension appliquée au tube (on dit alors que l'on a affaire à une décharge contrariée). Lors du passage de la décharge sombre à la décharge luminescente la longueur de la zone, dans laquelle croît la tension, diminue brusquement par suite du développement de la charge spatiale, de sorte que la l'intensité du champ dans cette zone augmente. Il en résulte des conditions plus favorables pour la formation des avalanches électroniques dans les zones cathodiques de la décharge qui peut donc être entretenue pour des tensions inférieures à la tension d'amorçage. La tension assurant l'entretien de la décharge est voisine de la chute de tension dans le domaine cathodique de la décharge (à la chute cathodique normale V_{kn}), elle en diffère par la valeur de la chute anodique et de la chute de tension dans la colonne positive. Dans la décharge luminescente, la chute cathodique normale ne dépend pas du courant, elle se détermine par le type de gaz et par le matériau constituant la cathode. On peut considérer de façon approchée que :

$$V_{Kn} = \eta Ln(1 + \frac{1}{\gamma}) \qquad (Eq.I.1)$$

Où $\eta = \alpha/E$. Comme le montrent les résultats des expériences, quelles que soient les cathodes, elles satisfont pour un même gaz à l'égalité suivante:

$$V_{Kn} = K\Theta \qquad (Eq.I.2)$$

Où K est un facteur de proportionnalité déterminé par le type de gaz; Θ, le travail de sortie de la cathode.

En régime de décharge luminescente normale, la densité du courant J_n est elle aussi constante, alors que le courant I se détermine par l'aire de la partie de la cathode occupée par la décharge. Lorsque les courants sont faibles, la décharge n'occupe qu'une petite partie de la surface de la cathode. Au fur et à mesure que le courant croît, la surface occupée par la décharge augmente tant qu'elle ne devient égale à toute la surface de la cathode. La nature des forces qui sont à l'origine de ce phénomène n'est pas encore claire. Comme il résulte de la loi de la similitude des décharges, la densité du courant J_n dans une décharge luminescente normale est proportionnelle au carré de la pression du gaz, car le rapport J_n/p^2 est un invariant d'une telle transformation. De la même loi il découle que le produit de la pression par la longueur de la zone de chute cathodique est constant pour un gaz donné et un matériau de la cathode donné. Lorsque toute la surface de la cathode est occupée par la décharge, la croissance du courant de décharge ne peut être assurée que par l'intensification des processus γ sur la cathode, ce qui exige d'augmenter la chute cathodique et donc la tension appliquée au tube à décharge. La décharge se transforme dans ce cas en une décharge luminescente anormale, et la chute cathodique V_{ka} peut s'accroître jusqu'à 10^3 V. L'augmentation de la densité du courant J_a dans la décharge luminescente anormale est due au bombardement de la cathode par des ions rapides et des atomes neutres et surtout à l'émission photoélectronique à partir de la cathode sous l'action du rayonnement ultraviolet émis par le domaine cathodique de la décharge. Dans ce cas la zone de lumière négative s'élargit, et l'intensité de la lumière s'accroît par suite de l'augmentation du nombre et de l'énergie des électrons. La chute cathodique anormale est liée à la chute cathodique normale par une relation empirique

$$V_{Ka} = V_{Kn} + \frac{C(J_a - J_n)^{0.5}}{P} \qquad \text{(Eq.I.3)}$$

Où C est une constante qui se détermine par le type de gaz et le matériau constituant la cathodique. Lorsque le courant de décharge atteint une valeur déterminée dépendant du matériau et de la forme de la cathode ainsi que du type de gaz et de sa pression, la décharge luminescente anormale se transforme brusquement en une décharge d'arc autonome.

I-4 DECHARGE AUTONOME PAR ARC

Lorsqu'on diminue la résistance placée en série avec le tube où se produit la décharge, le courant anodique augmente, alors que la distance de la chute cathodique diminue à tel point que le nombre et les énergies des ions qui bombardent la cathode deviennent suffisants pour provoquer une élévation appréciable de sa température. A partir d'un certain point de la surface de la cathode, plus chaud que les autres, commence l'émission thermoélectronique qui donne naissance à de nouvelles avalanches électroniques et provoque, par conséquent, une intensification du faisceau d'ions qui bombardent la cathode. L'augmentation du courant de décharge entraîne une élévation de la chute de tension dans la résistance ballast et par là même une baisse de la tension dans le tube, de sorte que les conditions de formation des avalanches deviennent moins favorables et la décharge ne peut s'entretenir qu'à partir de la portion la plus chauffée de la cathode. Suivant sa section, la décharge sera limitée justement par cette région (tache cathodique) à très haute densité du courant pouvant atteindre 10^{11} A/m^2. A la différence de la décharge luminescente, l'éjection des électrons par la cathode est due maintenant à l'émission thermoélectronique et non aux processus γ. Le courant de décharge croît brusquement, et la décharge se transforme en une décharge d'arc autonome.

L'émission thermoélectronique est l'une des causes possibles déterminant l'apparition d'une décharge en arc. La théorie de la tache cathodique n'est pas encore définitivement élaborée. Quant à l'émission d'électrons par la cathode, il existe des points de vue différents. A ce qu'il paraît, le mécanisme le plus probable de l'arrachement des électrons à la cathode est l'émission thermoélectronique par champ, c'est-à-dire la combinaison de l'excitation thermique des électrons avec un champ électrique intense dans le domaine cathodique de la décharge, champ qui fait varier la forme de la barrière de potentiel à la surface de la cathode. Dans des conditions déterminées, cette émission cède sa place à l'émission thermoélectronique (avec des pressions élevées du gaz et des cathodes réfractaires) ou à l'émission de champ (en présence de films diélectriques sur la surface de la cathode ainsi que dans des cathodes fortement vaporisables).

A la différence de la décharge luminescente, la longueur de la zone de chute cathodique est limitée dans la décharge en arc par le libre parcours moyen de l'électron, et la chute cathodique est approximativement égale au potentiel d'ionisation V_i des atomes gazeux (Fig. I-3). Pour une haute densité du courant, cette différence de potentiel est suffisante pour maintenir, à l'aide du bombardement ionique, une température convenable de la tache cathodique. D'un autre côté elle n'est pas suffisante pour que les électrons éjectés par la cathode puissent acquérir une énergie nécessaire à l'ionisation des atomes gazeux. La longueur de la zone de chute cathodique est si petite (10^{-8} à 10^{-6} m) que l'intensité du champ atteint des valeurs capables de provoquer une émission de champ même dans le cas où la chute cathodique est faible.

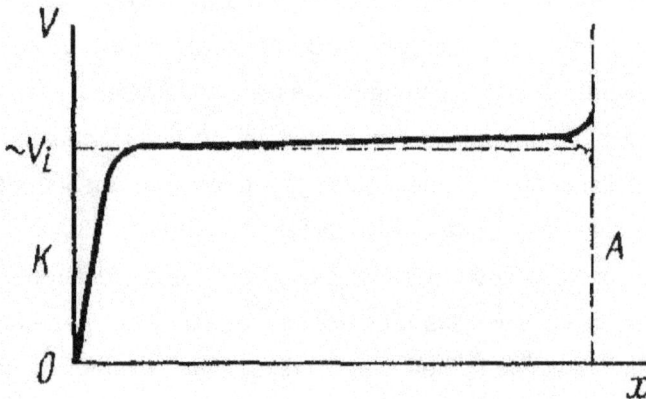

Figure I-3: *L'allure du potentiel dans le cas d'une décharge autonome par arc*

19

Dans la zone de chute cathodique, les électrons ne heurtent pratiquement pas les atomes du gaz et se meuvent suivant les mêmes lois que dans une diode à vide. La zone de chute cathodique est suivie de la colonne de la décharge en arc qui diffère de la colonne positive de la décharge luminescente par une plus haute densité de courant. La chute de tension totale dans la décharge vaut la somme de la chute cathodique, de la différence de potentiel sur la colonne positive et de la chute anodique. De même que dans la décharge luminescente, la chute anodique peut être positive ou négative selon les dimensions et la forme de l'anode.

I-5 DECHARGE D'ARC NON AUTONOME

Une telle décharge apparaît dans des appareils ioniques avec cathode thermoélectronique chauffée par une source extérieure. Les processus d'ionisation et la répartition de potentiel dans l'intervalle de décharge sont similaires à des processus analogues dans la décharge par arc autonome. La caractéristique courant-tension de la décharge d'arc non autonome est représentée sur la figure (I-4). Pour de faibles tensions anodiques inférieures à $V_{i)}$, le courant anodique circulant entre la cathode et l'anode est analogue au courant dans une diode à vide (correction faite pour des collisions élastiques entre les électrons et les atomes du gaz), ce qui correspond au tronçon 1 de la courbe de la figure (I-4). Lorsqu'on augmente la tension anodique en la portant à une valeur de l'ordre du potentiel d'ionisation V_i du gaz, une colonne de plasma commence à se former, de même que dans la décharge autonome, et la répartition de potentiel devient voisine de celle représentée sur la figure (I-3). Après l'amorçage de la décharge non autonome en régime d'arc la tension sur le tube à décharge subit une petite baisse par rapport à V_i (tronçon 2, Fig I-4). La possibilité de l'entretient de la décharge pour $V< V_i$ est liée à la probabilité accrue d'ionisation par cascades lorsque la densité du courant est suffisamment grande. La composante électronique du courant, qui est supérieure de quelques ordres

20

de grandeur à la composante ionique, est limitée par la charge d'espace négative des électrons existant au voisinage de la cathode. La croissance du courant sur le tronçon 3 de la caractéristique courant-tension est liée à une neutralisation progressive du champ de la charge spatiale négative par le champ des ions positifs qui augmente avec le courant et l'intensification du processus d'ionisation qui lui est lié. La charge spatiale négative des électrons produit un minimum de potentiel au voisinage de la cathode qui arrête les électrons. Lorsque le courant augmente, la valeur du minimum diminue, ce qui permet de commander le courant électronique sans faire varier la tension anodique qui reste donc constante. A l'instant où le minimum de potentiel disparaît sous l'action du champ des ions positifs, le courant électronique débité par la cathode devient égal au courant d'émission, de sorte que pour augmenter encore le courant, il est nécessaire d'élever la tension anodique pour renforcer les processus γ et les processus d'ionisation (tronçon 4, Fig I-4). Dans le cas d'une forte augmentation du courant, la décharge non autonome peut se transformer en une décharge par arc autonome avec la caractéristique courant-tension comportant une partie tombante.

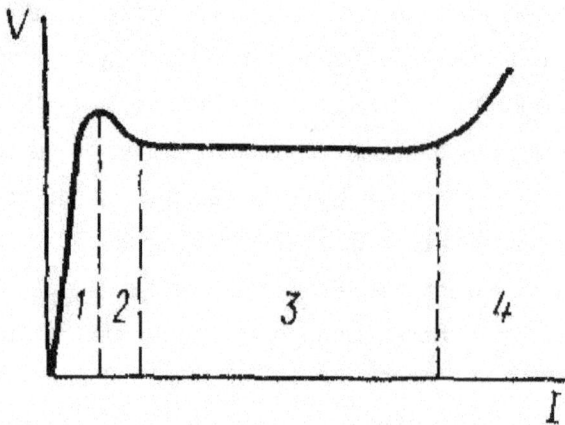

Figure I-4: *L'allure du potentiel dans le cas d'une décharge non autonome par arc*

La décharge en régime d'arc dans un tube avec cathode chaude peut s'effectuer même pour des tensions anodiques très petites, inférieures au potentiel d'excitation des atomes du gaz. L'ionisation du gaz peut s'effectuer dans de telles conditions du fait que la charge d'espace produite par des ions positifs crée, au voisinage de la cathode, un maximum de potentiel voisin du potentiel d'excitation rendant possible une ionisation par cascades.

I-6 APPLICATION DES DECHARGES LUMINESCENTES

Les décharges luminescentes ont de nombreuses applications industrielles. Quelques unes sont brièvement décrites dans ce qui suit.

I-6-1. Pulvérisation et dépôt de couches minces

La cible, constituée du matériau à déposer (Ti par exemple), est placée à la cathode. Un gaz inerte à faible pression (argon) est introduit dans le tube de dérive. L'action du champ électrique sur les électrodes provoque l'ionisation de l'argon de sorte qu'une décharge luminescente classique puisse rapidement s'établir. Les ions d'argon formés dans la chute cathodique vont, dans ces conditions, interagir avec la cathode provoquant la pulvérisation des atomes de titane. Ces atomes vont ensuite diffuser dans le plasma suivant des directions aléatoires si bien qu'une partie de ces atomes pulvérisés va atteindre l'anode et se déposer sur le substrat en formant une couche mince. Il est clair que le taux de formation des couches minces dépend, en particulier, de la qualité des atomes pulvérisés qui à leur tour dépendent du flux d'ions crée dans la chute cathodique. A travers cet exemple simplement décrit, on entrevoit la nécessité de maîtriser les caractéristiques de la décharge luminescente pour tenter d'optimiser les rendements du processus (choix du gaz, de la pression, des conditions électriques tension-courant de la décharge, du type d'alimentation RF ou DC, de l'utilisation d'un champ magnétique : système magnétron, etc...).

I-6-2 Pulvérisation et gravure

Si, dans l'exemple précédent, le matériel est pulvérisé sélectivement de la surface en utilisant un masque approprié, il se produit alors un procédé de gravure sèche (bien connu pour ses applications en micro-électronique). Les qualités de la gravure par plasma par rapport à la gravure chimique sont notamment l'anisotropie de la gravure. En effet, comme la pulvérisation qui se fait par impact ionique se déplace le long des lignes de champ dans la gaine cathodique, on comprend aisément l'obtention de profils de gravure très anisotropes car la cathode (qui est une équipotentielle) est perpendiculaire aux lignes de champ. Le procédé de pulvérisation-gravure peut être lui aussi obtenu in situ dans une décharge luminescente classique. Dans ce cas, la maîtrise des paramètres électriques des décharges luminescentes et plus particulièrement de la gaine cathodique est un des éléments essentiels pour optimiser les caractéristiques du procédé.

I-6-3 Nitruration

Ce procédé consiste à faire diffuser de l'azote dans un substrat en vue d'obtenir superficiellement de nouvelles structures métallographiques recherchées pour leurs caractéristiques mécaniques et physiques. En effet, il est possible d'augmenter la dureté du matériau, sa résistance au grippage, ses limites de fatigues, etc... Plusieurs méthodes de nitruration ont été développées dont la nitruration ionique appelée aussi ionitruration ou nitruration sous plasmas froids ou encore nitruration sous décharges luminescentes. La nitruration ionique s'effectue dans une enceinte sous vide dans laquelle on a introduit un gaz contenant de l'azote sous une pression partielle de quelques Torr. Les pièces à traiter sont mises au potentiel cathodique d'un générateur de tension continue pulsée. On provoque une décharge luminescente entre les pièces et l'anode. Les espèces actives ainsi formées recouvrent alors les pièces que l'on voulait traiter. Là encore, la compréhension des caractéristiques de la décharge luminescente est essentielle à la maîtrise et l'optimisation du procédé de nitruration.

I-6-4 Panneaux à plasma

Ce sont des dispositifs de visualisation à écran plats utilisés pour l'affichage de données numériques ou alphanumériques. Un panneau à plasma est constitué par un ensemble de deux réseaux d'électrodes croisées, l'un en ligne l'autre en colonne qui est couverts par une plaque de verre. L'intersection entre deux électrodes perpendiculaires forme ainsi un ensemble de cellules élémentaires. L'espace intérieur du panneau est rempli d'un mélange de gaz rares (Ne-Ar pour les panneaux monochromes et He-Xe pour les panneaux polychromes) à une pression d'environ 400 Torr. Une décharge luminescente est provoquée dans chaque cellule élémentaire à allumer de sorte qu'une lumineuse apparaisse alors que, dans les cellules à éteindre, on maintient la neutralité électrique. L'un des aspects de l'étude de ces décharges luminescentes de type capacitive (à cause du diélectrique qui s'interpose entre l'électrode métallique et le plasma) consiste à maîtriser les caractéristiques électriques et optiques de la décharge luminescente en fonction des différents paramètres (mélanges gazeux, géométrie des électrodes, alimentation électriques, etc.).

I-7 MODELES AUTOCOHERENTS D'UN PLASMA FROID HORS EQUILIBRE

Les premiers modèles qui ont tenté de décrire la physique d'une décharge luminescente sont les modèles analytiques apparaissant dans les années trente et quarante. Ces théories ont permis d'obtenir les relations entre la chute de potentiel dans la région cathodique V_c, la longueur de la région cathodique d_c et la densité de courant de décharge j dans le régime anormal. Les chercheurs ont établi des relations analytiques entre V_c , d_c et j en supposant la distribution linéaire du champ électrique dans la gaine cathodique, fait déduit de l'expérience. Les premiers modèles, ainsi que les modèles analytiques développés ultérieurement ont rendu possible la compréhension des caractéristiques individuelle de la décharge. La description de la décharge dans son ensemble et la compréhension plus approfondie nécessite la simulation numérique. Après les premiers résultats numériques sur l'effet de la charge d'espace sur la caractéristique courant-tension [16] et sur les caractéristiques de la région cathodique publiés par Ward [17]. L'intérêt et l'effort fournis dans ce domaine redoublent grâce aux nouvelles applications industrielles. Il s'agit surtout de l'utilisation des décharges et plasmas radiofréquences pour le dépôt et la gravure en micro-électronique. L'accès aux ordinateurs performants a stimulé le développement des modèles numériques permettant la description et les prédictions de plus en plus précises et la compréhension des phénomènes physiques inexpliqués jusqu'à présent. La description d'une décharge dans son ensemble est un problème extrêmement difficile dû à la complexité des phénomènes mis en jeu et à leur couplage. Il faut tenir compte du couplage entre le transport des particules chargées et le champ électrique (les particules chargées se déplacent dans le champ qui dépend lui même de leurs densités). Cette première étape du modèle est désignée par le modèle électrique autocohérent. Le modèle devrait également considérer, pour les densités de courant élevées l'échauffement du gaz et le changement de sa composition (création des métastables, produits de dissociation). Il faut décrire les interactions de toutes les espèces, y compris des photons, au sein du plasma et le transport des particules chargées doit être couplé avec la cinétique des neutres. Bien que la mise au point d'un modèle mathématique sans hypothèses simplificatrices soit possible, les moyens actuels de calcul et les données de base ne permettent pas encore de considérer ce modèle complet. Dans la pratique, on est obligé de faire de nombreuses approximations physiques et de trouver une représentation simplifiée mais réaliste du problème à étudier, des phénomènes physiques qui peuvent intervenir pour que le problème puisse être résolu. Les paragraphes suivants présentent les différentes modèles et approximations qui sont utilisés actuellement.

I-8 MODELE ELECTRIQUE AUTOCOHERENT : REPRESENTATION MATHEMATIQUE

Un modèle électrique autocohérent consiste à décrire le couplage entre les phénomènes de transport des particules chargées et le champ électrique. Idéalement, le transport des particules dans une décharge est décrit par l'équation de Boltzmann qui détermine la fonction de distribution f($\vec{v}$ $\vec{r}$, ,t) des vitesses $\vec{v}$, des particules au point $\vec{r}$ de l'espace et à l'instant t.

$$\frac{\partial f}{\partial t} + \vec{v}\frac{\partial f}{\partial \vec{r}} + \frac{\vec{F}}{m}\frac{\partial f}{\partial \vec{v}} = (\frac{\partial f}{\partial t})_{coll} \qquad \text{(Eq.I.4)}$$

Où $\vec{F}(\vec{r},t)$ est la force extérieure qui agit sur les particules de masse m et le terme source $(\partial f/\partial t)_{coll}$ représente les collisions électron-neutre, ion-neutre (et éventuellement les collisions coulombiennes si l'équation de Boltzmann est complétée par le terme de Fokker–Planck). De la fonction de distribution peuvent être déduites les variations spatio-temporelles des grandeurs moyennes (densité, vitesse de dérive, énergie, etc....) ainsi que les fréquences moyennes des différents processus de collisions (par exemple fréquence d'ionisation). Les équations de Boltzmann pour les ions et les électrons doivent être couplées à l'équation de Poisson qui détermine le champ électrique en supposant que la densité de charge d'espace $\rho(\vec{r},t)$ est connue.

$$\nabla \vec{E}(\vec{r},t) = -\frac{\rho(\vec{r},t)}{\varepsilon_0} \qquad \text{(Eq.I.5)}$$

En déterminant la fonction de distribution f_i, on a accès à toutes les grandeurs macroscopiques caractérisant l'espèce i à un instant t donné, sachant que la grandeur moyenne χ de l'espèce i est liée à f_i par :

$$\chi_i(\vec{r},t) = \frac{1}{n_i(\vec{r},t)} \int \chi.f_i(\vec{r},\vec{v},t)d^3v \qquad \text{(Eq.I.6)}$$

Où $n_i(r,t)$ est la densité moyenne de l'espèce, définie par :

$$n_i(\vec{r}, t) = \int_{\vec{v}} f_i(\vec{r}, \vec{v}, t) d^3 v \qquad \text{(Eq.I.7)}$$

Selon le degré d'approximation des phénomènes physiques (de l'équation de Boltzmann) on distingue trois catégories de modèles décrits ci-dessous: modèles microscopiques, modèles fluides et modèles hybrides.

I-8-1 Modèle particulaire

Dans un modèle particulaire, on résout simultanément, et sans faire d'hypothèses simplificatrices, l'équation de Boltzmann pour la fonction de distribution des particules chargées et l'équation de Poisson pour le champ électrique. L'équation de Boltzmann sous sa forme spatio-temporelle (I.3) peut être résolue de façon pratique à l'aide des méthodes particulaires de types Monte Carlo [18]. Dans les méthodes microscopiques, on considère un ensemble représentatif de particules (typiquement de l'ordre 10^2-10^5) et on suit leur trajectoire dans l'espace des phases en traitant les collisions de façon statique et en intégrant les équations classiques du mouvement entre deux collisions. Cette approche est idéale du point de vue physique. Implicitement, de par leur structure, les techniques particulaires permettent une description précise du comportement des particules chargées du plasma pour de larges gammes de fréquences et de pression. Ainsi, la validité des modèles fluides peut être vérifiée grâce aux techniques particulaires (Monte Carlo) [19,20]. L'influence des divers termes dans l'expression des moments de l'équation de Boltzmann (modèles fluides) peut aussi être analysée grâce à ces techniques [21]. Des processus, tels que le gain d'énergie des électrons à travers leurs interactions avec les gaines, ne peuvent être traités simplement avec des modèles fluides [22]. Les approches particulaires semblent constituer dans ce cas un moyen incontournable de description des phénomènes alors mis en jeu [21, 23, 24], particulièrement à basse pression et en régime non collisionnel. Les techniques Monte Carlo représentent aussi un moyen très efficace de traiter du comportement des espèces chargées dans le plasma en fort champ électrique [25, 26, 27]. L'inconvénient majeur est qu'un temps de calcul relativement important est très souvent nécessaire pour atteindre le régime permanent de décharge.

I-8-2 Modèle fluide

On se contente souvent d'une description moins détaillée que celle issue du modèle microscopique. La simplification classique consiste à remplacer l'équation de Boltzmann par un nombre fini d'équations de transport pour les variables macroscopiques. Ces équations sont obtenues en prenant les premiers moments de l'équation de Boltzmann dans l'espace des vitesses.

Après intégration de l'équation de Boltzmann dans l'espace des vitesses, l'équation générale de transport d'une grandeur physique $\chi(\bar{v})$, dépendant de la vitesse s'écrit :

$$\frac{\partial n\bar{\chi}}{\partial t} + \nabla_r.\overline{\chi v} - nna\overline{\nabla_v\chi} = \int_v \chi \left(\frac{\partial f}{\partial t}\right)_{col} d^3v \qquad \text{(Eq.I.8)}$$

La grandeur physique $\chi(\bar{v})$ peut être un scalaire (densité), un vecteur (quantité de mouvement) ou encore un tenseur (énergie).

En pratique, les équations décrivant le transport des particules chargées représentent les moments de l'équation de Boltzmann, obtenues en multipliant celle-ci par les grandeurs 1, $\bar{v}$, $(\bar{v}.\bar{v})$, ..., et en l'intégrant dans l'espace des vitesses. D'une manière générale, on utilise les trois premiers moments, en établissant des hypothèses sur les moments d'ordre supérieur.

En remplaçant $\chi(\bar{v})$ par 1 dans l'équation (II-5), on obtient l'équation de continuité :

$$\frac{\partial n}{\partial t} + \nabla_r n\bar{v} = \int_v \left(\frac{\partial f}{\partial t}\right)_{col} = S \qquad \text{(Eq.I.9)}$$

Les deux termes gauches de l'équation (EQ.I.9) correspondent respectivement à la dérivée temporelle de la densité et à la divergence du flux$(n\bar{v})$. Le terme de droite de la même expression correspond au terme source ; il caractérise l'ensemble des processus collisionnels de création et de perte de l'espèce considérée.

On définit alors des fréquences de création et de pertes des particules chargées, qui sont fonction de la nature du gaz considéré, de la fonction de distribution des espèces et de la pression.

De la même façon, on obtient l'équation de transfert de quantité de mouvement en considérant $\chi(\bar{v})$ égal à $m\bar{v}$ dans l'équation (Eq.I.8):

$$\frac{\partial nm\bar{v}}{\partial t} + nm(\bar{v}.\nabla_r).\bar{v} + \bar{v}(\nabla_r.nm\bar{v}) + \nabla_r P - n\bar{F} = \int_v mv \left(\frac{\partial f}{\partial t}\right)_{col} d^3v \qquad \text{(Eq.I.10)}$$

avec :

✓ $\bar{F}$: force totale exercée sur la particule

✓ m : masse de la particule, v: vitesse de la particule, $\bar{v}$ sa valeur moyenne.

✓ $\bar{P}$: tenseur de pression cinétique.

Le membre gauche de l'équation (Eq.I.10) représente la variation totale, par unité de temps, de la quantité de mouvement ($m\bar{v}$), sous l'effet des forces extérieures $\bar{F}$ et de la pression $\bar{P}$. Le terme de droite traduit l'effet des collisions sur le transport de la quantité de mouvement. On le simplifie généralement en l'écrivant $nmv_m\bar{v}$ (v_m est la fréquence moyenne de transfert de quantité de mouvement). En injectant l'équation de continuité dans l'équation de transport de quantité de mouvement, cette dernière s'écrira :

$$nm\left[\frac{\partial}{\partial t} + (\bar{v}.\nabla_r)\right]\bar{v} = n\bar{F} - \nabla_r P - Sm\bar{v} - nmv_m\bar{v} \qquad \text{(Eq.I.11)}$$

Une simplification nécessaire si l'on veut se contenter d'une équation d'énergie scalaire, est de supposer que le tenseur de pression est isotrope et diagonal. Le terme de pression se réduit alors au gradient de la pression scalaire :

$p = nkT(= 2/3n\bar{\varepsilon})$ (Où p est la pression scalaire)

et

$\bar{\nabla}.\bar{P} = \bar{\nabla}p$ (où $\bar{P}$ est le tenseur de pression cinétique)

Les deux premiers moments de l'équation de Boltzmann écrits ci-dessus ne forment pas un système fermé, pour les trois raisons suivantes :

✓ Le terme de gradient de pression fait intervenir l'énergie moyenne.

✓ La fréquence d'échange de quantité de mouvement dépend de la forme de la fonction de distribution.

✓ La fréquence moyenne d'ionisation (dans le terme source S) dépend aussi de cette fonction de distribution.

Néanmoins, certains modèles fluides n'utilisent que ces deux premiers moments, le système étant fermé par l'hypothèse de "l'équilibre local".

Pour décrire d'une manière plus réaliste l'évolution des paramètres de la décharge, il est donc préférable d'introduire un moment supérieur de l'équation de Boltzmann. Ce moment correspondant à l'équation de transport de l'énergie, et est obtenu en remplaçant $\chi(\bar{v})$ par $(1/2)mv^2$ dans l'équation générale de transport (équation Eq.I.8):

$$\frac{1}{2}\frac{\partial nm\bar{v}^2}{\partial t} + \nabla_r\left[\frac{1}{2}nm\overline{(v.v)v}\right] - nF.v = \int_v \frac{1}{2}mv^2\left(\frac{\partial f}{\partial t}\right)_{col} d^3v \qquad \text{(Eq.I.12)}$$

L'expression (Eq.I.12) est une équation scalaire, elle correspond en fait à la trace d'une équation tensorielle obtenue en remplaçant $\chi(\bar{v})$ par $(m\bar{v}\bar{v})$ dans l'équation (Eq.I.8). Le premier terme du membre gauche correspond à la variation temporelle de l'énergie totale de la particule (énergie d'agitation thermique et énergie cinétique due au mouvement d'ensemble). Le second terme traduit la variation spatiale de l'énergie et le troisième la perte ou le gain d'énergie dû aux forces. Le membre de droite, quant à lui, traduit le terme de perte ou de gain de l'énergie dû aux collisions avec les autres espèces, c'est le terme de collision. De la même façon que pour les deux premiers moments de l'équation de Boltzmann, on définit une fréquence moyenne d'échange d'énergie v_ε et on décrit le terme dû aux collisions, dans l'équation (EQ.I.12), par $-n_e v_e \bar{\varepsilon}_e$ ($\bar{\varepsilon}_e$ étant l'énergie moyenne des électrons).

Pour les modèles fluides utilisant les trois premiers moments, le système étant fermé par l'hypothèse de "l'énergie moyenne locale". L'équation de Boltzmann est équivalente à un nombre infini d'équations de transport. En général, on ne considère que les deux ou trois premières équations (l'équation de continuité, l'équation de transport de quantité de mouvement et l'équation d'énergie). Pour fermer le système, on est obligé de faire des hypothèses sur les moments d'ordre supérieur et sur la fonction de distribution (pour calculer les fréquences moyennes de collisions). Les hypothèses les plus couramment utilisées sont décrites brièvement ci-dessous:

I-8-2-1 Approximation du champ électrique local

Cette approximation suppose que la fonction de distribution au point $\bar{r}$ et à l'instant t ne dépend que du champ électrique local réduit E/N. En d'autres termes, le gain d'énergie des particules sous l'effet du champ électrique est compensé localement (dans l'espace et dans le temps) par les pertes dues aux collisions. L'avantage de cette approche est que tous les coefficients de transport et fréquences moyennes de collisions peuvent être déduites de l'expérience (ou calculées) sous la condition du champ électrique uniforme. L'approximation n'est valable que pour certains cas restrictifs quand la variation du champ électrique sur la distance de relaxation d'énergie des particules chargées est faible. Une étude monodimensionnelle dans le cas d'une décharge luminescente a été effectuée par Meyyappan et Kreskosvsky [1], Pedoussat [28], Hamid et al [29-37] et Yanallah [38]. Cette approche sont utilisées par Bœuf [39] et Bouchikhi et al [40,41] pour étudier la transition entre les décharges normales et anormales dans le cas d'une géométrie cartésienne bidimensionnelle. La discussion des différents comportements de décharge a été effectuée par Fiala [42].

31

I-8-2-2 Approximation de l'énergie moyenne locale

On suppose que toutes les grandeurs moyennes ne dépendent que de l'énergie moyenne locale des particules. Autrement dit, la fonction de distribution est complètement déterminée par la densité et l'énergie moyenne locale électronique ou ionique (par exemple une distribution maxwellienne). Cette hypothèse est raisonnable pour la colonne positive d'une décharge luminescente mais elle n'est pas valable dans la région cathodique. L'énergie moyenne est principalement déterminée par les électrons tandis que l'ionisation dans la lueur négative ne dépend que de la queue de la fonction de distribution et ne peut donc pas être fonction de l'énergie moyenne. Cette approche était adaptée par Schmitt et al [43] et Belenguer et Bœuf [44], qui utilisent les trois premiers moments de l'équation de Boltzmann et supposent que la fonction de distribution est maxwellienne pour les électrons.

I-8-2-3 Modèle à deux (ou plusieurs) groupes d'électrons

On suppose que la fonction de distribution électronique est composée de deux parties. Une partie représente les électrons rapides qui forment un faisceau mono énergétique (décrit par l'équation de continuité et l'équation d'énergie) tandis que les électrons moins énergétiques du plasma, formant le corps de la fonction de distribution, sont traités par l'approximation du champ électrique local ou de l'énergie moyenne locale (décrit par l'équation de continuité et l'équation de transfert de quantité de mouvement). Ce modèle surestime la pénétration des électrons rapides ainsi que leur ionisation dans la lueur négative (ils forment le faisceau mono énergétique) mais donne des résultats physiquement raisonnables. Le modèle à plusieurs groupes d'électrons apporte une amélioration qui permet de tenir compte de la distribution énergétique des électrons rapides. Il est également possible d'utiliser une description microscopique pour le traitement des électrons rapides. On parle d'un modèle hybride fluide-particulaire.

I-8-3 Modèle hybride fluide–particulaire

Implicitement, le terme hybride désigne une catégorie de modèle combinant les deux techniques de description des décharges citées précédemment, fluides et particulaire. Cependant, cette appellation ne se limite pas à cela, puisque la structure d'un modèle de ce type peut englober deux "modules fluides" couplés. Le problème principal, associé au modèle basé sur les moments de l'équation de Boltzmann, est de trouver une description réaliste du terme source d'ionisation due aux électrons énergétiques. Cet obstacle est surmonté en utilisant le modèle hybride. Dans ce type de modèle, on traite les propriétés des électrons rapides de façon microscopique tandis que les électrons froids du plasma sont décrits par les équations fluides sous l'approximation du champ électrique local ou de l'énergie moyenne locale.

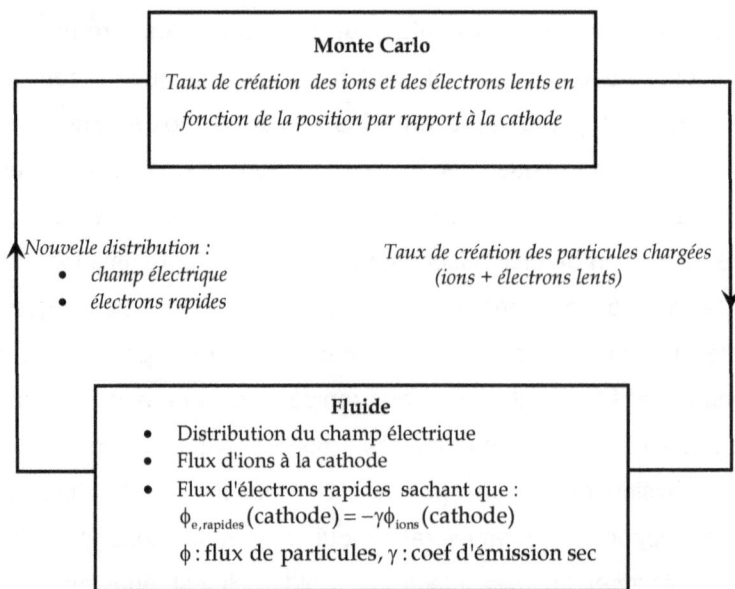

Figure I-5 : *Schématisation du couplage entre le module fluide et le module Monte Carlo dans le modèle hybride élaboré par Bogaerts et col.*

Les modèles utilisant une approche hybride-fluide-Monte-Carlo dans le but de séparer la description des électrons énergétiques (par un module de Monte-Carlo) de celles des autres espèces chargées, y compris parfois celle des électrons du volume de la décharge (par un module fluide), ont été utilisées pour décrire le comportement des décharges à cathodes creuses (pseudo-spark) par Fiala, Fiala et col., Pitchford et col. [42, 45, 46] ainsi que par Bœuf et col. [47].

Cette approche est aussi utilisée par Cronrath et col., Porteous et col., pour décrire les décharges à résonance cyclotron [48, 49]. Borgaerts et col. [2] séparent aussi la description des deux groupes d'électrons d'une décharge en continu (espace sombre de Faraday et lueur négative) en utilisant un modèle hybride "classique", dans lequel les électrons rapides sont traités par un modèle Monte Carlo alors que le mouvement des ions et des électrons lents est décrits par un modèle fluide (Fig I-5).

Le module Monte Carlo est basé sur le principe décrit précédemment. Les électrons dont l'énergie est inférieure au seuil d'excitation sont considérés comme lents et sont alors injectés dans la partie fluide du modèle. Le module fluide est entièrement implicite et basé sur le schéma exponentiel de Scharfetter-Gummel [50], il ne contient pas d'équations d'énergie puisque les électrons énergétiques sont traités par le module Monte Carlo. Le couplage entre les parties, fluide et Monte Carlo du modèle est illustré en figure (I-5).

Le module Monte Carlo fournit les taux de création d'espèces chargées (électrons lents et ions) utilisés par le module fluide. Grâce à ce dernier on déduit la nouvelle distribution du champ électrique et le flux d'ions à la cathode et donc le flux d'électrons rapides que l'on injecte dans le module Monte Carlo et ainsi de suite.

Des approches similaires ont été suivies par Sommerer et Kushner [51], Hoekstra et Kushner[52] ou encore Hwang et col[53] dans l'élaboration de modèles hybrides fluide-Monté-Carlo dans lesquels un modèle supplémentaire permet de traiter la chimie des neutres et des ions. Sommerer et Kushner [51] emploient le modèle hybride pour l'étude de procédés de surface. Les résultats obtenus par les auteurs, dans l'hélium, montrent un bon accord en comparaison avec des mesures expérimentales. L'introduction dans le modèle d'un module qui traite de la chimie des neutres a permis de mettre en évidence l'influence des métastables d'hélium, dans la création des particules chargées par effet Penning et par ionisation par étapes.

Un autre exemple typique où les modèles fluides ne sont plus concevables pour décrire convenablement le comportement des électrons énergétiques (ionisants) concerne les décharges RF à couplage capacitif à basse pression (typiquement en dessous de 50 mtorr, 13.56 MHz). Dans de telles conditions de basse pression, les collisions entre les électrons et les neutres peuvent être insignifiants comparées à celles qui se produisent entre les électrons et les gaines en mouvement.

La fonction de distribution des électrons est alors en majeure partie conditionnée par l'échange de quantité de mouvement et d'énergie entre les électrons et les gaines en contraction ou en expansion, processus qui ne peut être décrit par un simple modèle global (fluide). Une alternative pour traiter numériquement ce problème est de toujours décrire le plasma avec une approche fluide mais en introduisant une fréquence effective de collision dans les équations de transfert de quantité de mouvement et d'énergie [20, 24].

I-9 CONCLUSION

Nous avons présenté dans ce chapitre un survol bibliographique sur les généralités décrivant le comportement de la décharge luminescente à électrodes planes et parallèles à l'état stationnaire. Nous avons vu que ce type de décharges présente trois régimes qui sont : le régime subnormal, le régime normal, et le régime anormal. Nous avons essayé de montrer à travers ces quelques exemples d'applications industrielles, le rôle joué par la décharge luminescente dans la mise en œuvre des procédés plasmas. Nous avons aussi introduit dans ce chapitre les modèles physiques qui décrivent la décharge luminescente. Il s'agit des modèles fluide, particulaire et hybride. Dans le chapitre suivant, nous allons présenter le modèle fluide utilisé pour la simulation monodimensionnelle et bidimensionnelle de la décharge luminescente dans l'argon.

CHAPITRE II

DISCRETISATION DES EQUATIONS DE TRANSPORT EN 1D ET EN 2D D'UNE DECHARGE LUMINESCENTE

II-1 INTRODUCTION

Dans ce chapitre, nous allons présenter le modèle fluide/hydrodynamique de la décharge luminescente DC. Nous présenterons les édifices des modèles 1D (à une dimension) et 2D (à deux dimensions). Nous rappellerons leurs équations, les principales hypothèses ainsi que les schémas adoptés pour l'élaboration des modèles. Il s'agit de modèles de type fluide avec une représentation dérive-diffusion des flux de particules chargées et du flux d'énergie, pour lequel nous nous sommes placés dans le cadre de l'approximation du champ local et l'énergie moyenne locale. Ces modèles sont particulièrement bien adaptés à la modélisation des décharges en régime collisionnel, comme dans notre cas. Contrairement au modèle monodimensionnel qui ne traite les phénomènes électriques que perpendiculairement aux électrodes, le modèle bidimensionnel permet une étude qui tient compte de l'expansion transversale de la décharge.

II-2 SIMPLIFICATION DES EQUATIONS DE TRANSPORT

Le modèle physique fluide unidimensionnel permet de décrire d'une manière auto-cohérente les propriétés physiques et électriques des décharges DC en géométrie cartésienne, dans différents gaz. Le transport

37

des électrons et des ions est décrit par les équations de continuité, de transfert de la quantité de mouvement et l'équation d'énergie.

Le champ électrique est obtenu par la résolution de l'équation de Poisson. Les trois moments de l'équation de Boltzmann évoqués précédemment, couplés à l'équation de Poissons, constituent le modèle fluide d'ordre deux. Ce sont les équations que nous utiliserons pour représenter les phénomènes de transport pour chaque type de particules (électrons et ions). On utilise le terme fluide car les particules étudiées sont supposées avoir un comportement moyen pouvant être assimilé à un milieu continu (ou fluide).

Les équations à résoudre sont similaires à celles de la mécanique des fluides qui utilise également des grandeurs moyennes pour décrire les propriétés du milieu, ou à celles utilisées pour le transport des particules chargées dans les semi-conducteurs. Les simplifications retenues dans les moments de l'équation de transport de Boltzmann sont les suivantes:

✓ L'énergie de dérive est négligeable devant L'énergie thermique
✓ On considère le tenseur de pression cinétique est isotrope et diagonal
✓ On suppose les fréquences de collision moyennes ne dépendre que de l'énergie moyenne locale
✓ On néglige, dans les équations de transfert de quantité de mouvement, le terme en ($\partial / \partial t$) par rapport au terme source (dans lequel intervient la fréquence d'échange de quantité de mouvement υ_m).

Les approximations citées précédemment permettent d'écrire l'équation de transfert de quantité de mouvement sous une forme bien plus simple, définissant l'approche classique connu sous le nom "équation de dérive-diffusion"

$$n_e v_e = n_e \frac{e}{m_e \nu_m} \nabla_r [n_e k T_e] = -n_e \mu_e E - \nabla_r [D_e n_e] \qquad \text{(Eq.II.1)}$$

Quand cela est possible, l'écriture précédente de l'équation de transfert de quantité de mouvement permet de simplifier considérablement la résolution numérique du système.

En tenant compte des mêmes hypothèses simplificatrices citées précédemment, l'équation d'énergie (Eq.I.12) pour les électrons peut être ramenée à la forme suivante:

$$\frac{\partial n_e \varepsilon_e}{\partial t} + \frac{5}{3} \nabla_r (n_e \varepsilon_e v_e) + \nabla_r q_e + e n_e v_e E = -n_e v_e \varepsilon_e \qquad \text{(Eq.II.2)}$$

q_e est le flux de chaleur, il dépend des moments supérieurs de l'équation de Boltzmann. On peut supposer que ce terme est proportionnel au gradient de température électronique T_e dans le plasma. On introduit alors un coefficient de conductivité thermique des électrons κ défini par:

$$\kappa = \frac{5}{2} n_e D_e \qquad \text{(Eq.II.3)}$$

Le flux de chaleur peut alors être exprimé par:

$$q_e = -\kappa \nabla_r T_e = -\kappa \frac{2}{3} \nabla_r \varepsilon_e = -\frac{5}{3} n_e D_e \nabla \varepsilon_e \qquad \text{(Eq.II.4)}$$

Avec:

$$\varepsilon_e = \frac{3}{2} k T_e \qquad \text{(Eq.II.5)}$$

II-2-1 Fermeture du système d'équations des moments

Le système formé par l'équation de continuité, l'équation de transfert de la quantité de mouvement et l'équation d'énergie n'est pas équivalent à l'équation de Boltzmann car, pour cela, il faudrait un nombre infini d'équations de moments de Boltzmann.

En effet, l'utilisation des trois premiers moments de l'équation de Boltzmann nous met en face d'un système dont le nombre d'inconnue et supérieur au nombre d'équations. Pour fermer le système, nous sommes obligés d'émettre certaines hypothèses: l'une d'elle est l'hypothèse d'équilibre local.

Les coefficients de transport qui permettent d'écrire les termes de dérive et de diffusion à un instant donné et en un point donné sont supposés ne dépendre que du champ électrique existant au même instant et au même endroit. Ceci suppose que le gradient temporel et spatial du champ électrique est faible sur des distances du libre parcours moyen des particules.

Lorsque cette hypothèse est vérifiée, la description de la décharge peut s'effectuer en utilisant les valeurs des paramètres de transport calculés à l'équilibre lorsque le champ électrique est constant. Les paramètres de transport dépendent alors de la position et du temps uniquement à travers la variation spatiale et temporelle du champ électrique c'est l'hypothèse du champ local.

L'autre hypothèse est de l'énergie moyenne locale. Toutes les grandeurs moyennes sont supposées ne dépendre que de l'énergie moyenne locale des particules. Lorsque les gradients de champ sont plus importants, la situation de non équilibre qui résulte nécessite un couplage entre les formalismes macroscopiques et microscopiques.

En effet, pour décrire les caractéristiques d'un plasma, le modèle fluide n'est plus suffisant (milieu hors équilibre). Une étude particulaire ou microscopique s'impose en se basant sur la résolution directe de l'équation de Boltzmann des diverses particules. Ces problèmes de non équilibre ont généralement deux origines: Un non équilibre spatial ou/et temporel et un non équilibre collisionnel.

Dans le premier cas, les coefficients de transport ne dépendent plus de la position ou/et du temps à travers le champ électrique comme dans le cas de l'approximation du champ local. Un couplage avec l'équation de Boltzmann permettant de tenir compte de ce problème de non équilibre est alors nécessaire.

Dans le second cas, les coefficients de transport tabulés sont obtenus dans les conditions standard des expériences de mesure, c'est à dire à faible degré d'ionisation (sans interactions coulombiennes, super élastiques, etc...).

II-2-2 Equation de Poisson

Pour calculer le champ électrique de la charge d'espace, il faut donc une équation qui relie les inconnues des trois moments de l'équation de Boltzmann au champ électrique: c'est l'équation de Poisson que l'on écrit en fonction des densités des espèces négatives (indices e) et des espèces positives (indices +):

$$\Delta V = -\frac{|e|}{\varepsilon_0}(\sum_+ n_+ - \sum_e n_e)$$ (Eq.II.6)

et

$$\vec{E} = -\overrightarrow{grad}V$$ (Eq.II.7)

Avec ε_0=8.854 10^{-14} (Farad cm^{-1}) et |e|=1.6 10^{-19} (C) sont respectivement la permittivité du vide et la valeur absolue de la charge élémentaire (les ions étant supposés mono chargés). En effet, les particules chargées dans le milieu gazeux sont accélérées par le champ extérieur appliqué à la décharge.

Celui-ci peut provoquer notamment l'ionisation qui va créer de nouvelles particules chargées. Lorsque la densité des particules chargées devient suffisamment grande, un champ de charge d'espace (dû à la présence d'espèces chargée positive et négative) va s'ajouter au champ extérieur.

II-2-3 Le modèle hydrodynamique

Les trois premiers moments de l'équation de Boltzmann décrits précédemment, couplés à l'équation de Poisson constituent le modèle fluide continu d'ordre 2. Ce sont les équations que nous utiliserons dans le cadre de ce travail pour représenter les phénomènes de transport au sein de la décharge pour chaque type de particules. Les variables fondamentales de notre modèle physique sont: la densité ionique n_+, la densité électronique n_e, le champ électrique ou plutôt le potentiel V et la température électronique T_e. Dans les paragraphes suivants, nous présentons les équations de transport des modèles 1D et 2D.

II-3 EQUATION DE TRANSPORT POUR LE MODELE 1D

A) pour les électrons

$$\frac{\partial n_e}{\partial t} + \frac{\partial n_e v_e}{\partial x} = S \qquad \text{(Eq.II.8)}$$

$$n_e v_e = \phi_e = -\mu_e E n_e - \frac{\partial D_e n_e}{\partial x} \qquad \text{(Eq.II.9)}$$

$$S = K_i N n_e \exp(-E_i / KT_e) \qquad \text{(Eq.II.10)}$$

$$D_e = \frac{\mu_e K_B T_e}{e} \qquad \text{(Eq.II.11)}$$

Où:

✓ μ_e, D_e sont respectivement la mobilité électronique et le coefficient de diffusion électronique

✓ K_i est un facteur pré-exponentiel

✓ K_B est la constante de Boltzmann vaut $1.38062.10^{-23}$ (J/K$^\circ$)

✓ E_i est l'énergie d'activation du processus collisionnel

✓ T_e est la température des électrons

✓ N est la densité de gaz.

✓ E représente le champ électrique.

✓ n_e, v_e sont respectivement la densité électronique et la vitesse moyenne des électrons

✓ Φ_e est le flux électronique

✓ S représente le terme source net, due uniquement à l'ionisation

L'écriture de l'équation de transport d'énergie des électrons est modifiée, de façon à pouvoir la résoudre exactement comme les équations de continuité. Les équations d'énergies des électrons sont données par les relations suivantes:

$$\frac{\partial n_e \varepsilon_e}{\partial t} + \frac{5}{3} \frac{\partial \phi_\varepsilon}{\partial x} = S_\varepsilon \qquad \text{(Eq.II.12)}$$

$$\phi_\varepsilon = -\mu_e E n_e \varepsilon_e - \frac{\partial D_e n_e \varepsilon_e}{\partial x} \qquad \text{(Eq.II.13)}$$

$$S_\varepsilon = -e\phi_e E - K_i Nn_e \exp(-E_i / KT_e)H_i \qquad \text{(Eq.II.14)}$$

Avec:

✓ ε_e est l'énergie des électrons

✓ Φ_ε est le flux d'énergie électronique

✓ H_i est l'énergie perdue par ionisation, $n_e\varepsilon_e$ représente la densité d'énergie électronique

✓ S_ε est le terme source net d'énergie. Il est constitué par deux termes, un terme de échauffement c'est $-e\Phi_\varepsilon E$, et un terme de refroidissement - $H_i S$

B) pour les ions

$$\frac{\partial n_+}{\partial t} + \frac{\partial n_+ v_+}{\partial x} = S \qquad \text{(Eq.II.15)}$$

$$n_+ v_+ = \phi_+ = \mu_+ E n_+ - \frac{\partial D_+ n_+}{\partial x} \qquad \text{(Eq.II.16)}$$

Où

✓ μ_+, D_+ sont respectivement la mobilité ionique, et le coefficient de diffusion ionique

✓ n_+, Φ_+ représentent la densité ionique, et le flux ionique

✓ v_+ est la vitesse moyenne des ions

C) champ électrique

Le champ électrique est relié à la charge d'espace dans l'espace inter électrode à partir de l'équation de Poisson.

$$\nabla E = \frac{\partial E}{\partial x} = \frac{|e|}{\varepsilon_0}(n_i - n_e) \qquad \text{(Eq.II.17)}$$

Ce champ est relie avec le potentiel par la relation suivante :

$$E = -\nabla V = -\frac{\partial V}{\partial x} \qquad \text{(Eq.II.18)}$$

II.4 EQUATIONS DE TRANSPORT POUR LE MODELE 2D

Toutes les grandeurs (n_+, n_e, E, T_e, ε_e, ϕ_i, ϕ_e, S, S_ε) sont en fonction de dimension suivant l'axe X, l'axe Y et le temps t.

A) pour les électrons

$$\frac{\partial n_e}{\partial t} + \nabla \phi_e = S \qquad (Eq.II.19)$$

$$\phi_e = -\mu_e E n_e - \nabla D_e n_e \qquad (Eq.II.20)$$

Les équations d'énergie des électrons sont données par les relations suivantes:

$$\frac{\partial n_e \varepsilon_e}{\partial t} + \frac{5}{3} \nabla \phi_\varepsilon = S_\varepsilon \qquad (Eq.II.21)$$

$$S_\varepsilon = -e\phi_{eL} E_L - e\phi_{eT} E_T - K_i N n_e \exp(-E_i / KT_e) H_i \qquad (Eq.II.22)$$

$$\phi_{eL} = -\mu_e E_L n_e - \frac{\partial D_e n_e}{\partial x} \qquad (Eq.II.23)$$

$$\phi_{eT} = -\mu_e E_T n_e - \frac{\partial D_e n_e}{\partial y} \qquad (Eq.II.24)$$

Avec:

✓ ϕ_{eL} est le flux électronique longitudinal suivant l'axe X

✓ ϕ_{eT} est le flux électronique transversal suivant l'axe Y

B) pour les ions

$$\frac{\partial n_+}{\partial t} + \nabla \phi_+ = S \qquad (Eq.II.25)$$

$$\phi_+ = \mu_+ E n_+ - \nabla D_+ n_+ \qquad (Eq.II.26)$$

C) champ électrique

$$\nabla E = \frac{\partial E}{\partial x} + \frac{\partial E}{\partial y} = \frac{|e|}{\varepsilon_0}(n_i - n_e) \qquad (Eq.II.27)$$

$$E_L = -\frac{\partial V}{\partial x} \qquad (Eq.II.28)$$

44

$$E_T = -\frac{\partial V}{\partial y} \qquad\qquad \text{(Eq.II.29)}$$

Où:

✓ E_L est le champ électrique longitudinal suivant l'axe X

✓ E_T est le champ électrique transversal suivant l'axe Y

II.5 SCHEMA DE MAILLAGE

Le schéma numérique adopté dans notre modèle est similaire à celui décrit par Scharfetter et Gummel [50] et Bœuf [39] dans le contexte du transport des électrons dans les semi-conducteurs. Les équations de transport d'ions et d'électrons et l'équation d'énergie sont discrétisés par la méthode des différences finies en utilisant un schéma exponentiel.

Le système d'équations est linéarisé et intégré implicitement dans le temps. Le pas d'intégration dans le temps est pris constant. Le domaine de simulation et la molécule de discrétisation des équations de transport (ion, électron) et l'équation de l'énergie sont représentés respectivement sur les figures (II.1) et (II.2).

Dans ce qui suit, nous allons présenter la discrétisation des équations de transport, l'équation de l'énergie et l'équation de Poisson en une et deux dimensions. Dans les expressions discrétisées, les indices i, j et k sont respectivement les indices de position x et y, et le temps t. L'équation de transport est résolue dans un domaine **D** (voir figure II.1) que l'on peut discrétiser en mailles élémentaires. On résout l'équation pour des ions qui se déplacent de x=0 vers x=L (voir figure II.1). Sur l'intervalle [x_i, x_{i+1}] on suppose que le flux de particules, la vitesse de dérive et le coefficient de diffusion sont constants.

On considèrera dans le système d'équations trois densités, une électronique, ionique et densités d'énergie (n_e, n_+ et $n_e\varepsilon_e$). Le schéma de Scharfetter et Gummel est obtenu par l'intégration analytique de l'équation de quantité de mouvement entre deux point de la grille. Il conduit à une expression analytique du flux entre deux point de la grille spatiale.

Ce schéma présente une stabilité numérique fort appréciable [54], car il permet de décrire à la fois les conditions de faible champ (plasma, dominé par la diffusion) et de fort champ électrique (gaines, où le terme de dérive est dominant). Nous présenterons plus en détail la forme des équations discrétisées selon ce schéma dans les paragraphes suivants relatif au modèle fluide unidimensionnel et bidimensionnel élaborés.

Pour résoudre les équations de conservations hydrodynamiques, nous considérons des électrodes planes, parallèles et infinies. Le problème sera résolu d'abord de façon unidimensionnelle, puis bidimensionnelle.

Les origines des coordonnées sont prises à la surface de l'anode. Les vitesses des particules seront négatives quand elles entraînent un déplacement de la cathode vers l'anode : c'est le cas des espèces négatives (électrons dans notre cas).

Les espèces positives (ions positifs) qui se déplacent de l'anode vers la cathode ont alors une vitesse positive. Du fait des hypothèses du modèle, les écritures des équations de transport (électrons, ions) et l'équation de l'énergie ont des formes voisines. Afin de résoudre les équations sur un domaine **D**, on établit un réseau de mailles qui le couvre.

Le domaine **D**, est donc défini par :

$$x \in [0, L] \text{ et } t \in [0, t_{max}]$$

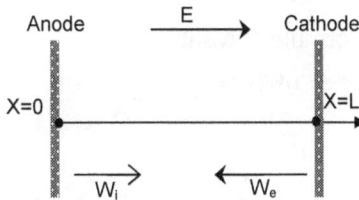

Figure II.1 : *Domaine d'étude* **D**

Les pas de calcul en temps (Δt) et en position (Δx) sont réguliers. Si on appelle (nt-1) le nombre de mailles suivant le temps et (nx-1) le nombre de mailles suivant la position, on a :

✓ $\Delta t = \dfrac{t_{max}}{nt - 1}$. Deux temps successifs sont reliés par: $t_{k+1} = t_k + \Delta t$

✓ $\Delta x = \dfrac{L}{nx - 1}$ .Deux positions successives sont reliées par: $x_{i+1} = x_i + \Delta x$

✓ Chaque point $M_{i,k}$ (Fig II.2) appartenant au domaine d'étude est défini par ses coordonnées (x_i, t_k).

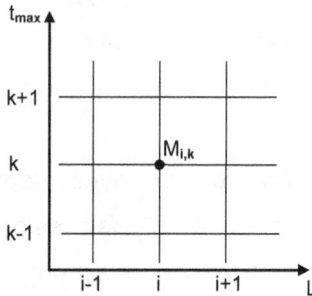

Figure II.2: *Discrétisation des équations fluide-Poisson.*

II.5-1 Discrétisation des équations du modèle en 1D

II.5-1-1 Discrétisation des équations de transport et de l'énergie

L'équation qui corresponde à l'équation d'énergie ou l'équation de transport et donné par la formule suivant:

$$\frac{\partial \Theta(x,t)}{\partial t} + \Gamma \frac{\partial \Theta(x,t) W(x,t)}{\partial x} - \Gamma \frac{\partial \Theta(x,t) D(x,t)}{\partial x} = \vartheta(x,t) \qquad \text{(Eq.II.30)}$$

Avec:

✓ Dans le cas de l'équation de transport des électrons

$$\Theta = n_e, \Gamma = 1, \vartheta = S$$

✓ Dans le cas de l'équation de transport des ions

$$\Theta = n_i, \Gamma = 1, \vartheta = S$$

✓ Dans le cas de l'équation de l'énergie

47

$$\Theta = n_e \varepsilon_e, \ \Gamma = \frac{5}{3}, \ \vartheta = S_\varepsilon$$

Cette équation peut encore s'écrire :

$$\frac{\partial \Theta(x,t)}{\partial t} + \Gamma \frac{\partial \Phi(x,t)}{\partial x} = \vartheta(x,t) \qquad \text{(Eq.II.31)}$$

En posant:

$$\Phi(x,t) = \Theta(x,t).W(x,t) - \frac{\partial \Theta(x,t)D(x,t)}{\partial x} \qquad \text{(Eq.II.32)}$$

$\Phi(x,t)$ peut aussi s'écrire:

$$\Phi(x,t) = \Theta(x,t)D(x,t)\frac{W(x,t)}{D(x,t)} - \frac{\partial \Theta(x,t)D(x,t)}{\partial x} \qquad \text{(Eq.II.33)}$$

On pose $y(x,t) = \Theta(x,t)D(x,t)$, $\Phi(x,t)$ peut s'écrire de la manière suivante:

$$\Phi(x,t) = y(x,t)\frac{W(x,t)}{D(x,t)} - \frac{\partial y(x,t)}{\partial x} \qquad \text{(Eq.II.34)}$$

L'équation est étudiée dans un domaine **D** que l'on peut discrétiser en mailles élémentaires. On résout l'équation pour des particules qui se déplacent dans l'espace inter-électrodes. Sur l'intervalle [x_i, x_{i+1}], on suppose que le flux Φ, la vitesse de dérive W et le coefficient de diffusion D sont constants (Fig. II.3) :

$\Phi(x,t) = \Phi(x_{i+1/2},t)$ noté $\Phi_{i+1/2}$

$W(x,t) = W(x_{i+1/2},t)$ noté $W_{i+1/2}$

$D(x,t) = D(x_{i+1/2},t)$ noté $D_{i+1/2}$

Figure II.3: *la maille élémentaire du modèle 1D*

Sur l'intervalle considéré ci-dessus, l'équation (Eq.II.34) peut s'écrire :

$$\Phi_{i+1/2} = y(x,t)\frac{W_{i+1/2}}{D_{i+1/2}} - \frac{\partial y(x,t)}{\partial x}$$

C'est l'équation différentielle du premier degré dont la solution générale est la somme d'une intégrale particulière de l'équation et de l'intégrale générale de l'équation homogène associée. La solution est de la forme:

$$y(x,t) = y_0 \exp\left(\frac{W_{i+1/2}}{D_{i+1/2}} x\right) + \frac{D_{i+1/2}}{W_{i+1/2}} \Phi_{i+1/2}$$

y_0 étant une constante que l'on va déterminer. On écrit l'expression de $\Phi_{i+1/2}$ en fonction de y_i et y_{i+1}

Au point x_i, $y(x,t) = y_i$ d'où :

$$y_0 = \left[y_i - \frac{D_{i+1/2}}{W_{i+1/2}} \Phi_{i+1/2}\right] \exp\left(-\frac{D_{i+1/2}}{W_{i+1/2}} x_i\right)$$

l'expression de $y(x,t)$ devient :

$$y(x,t) = \left[y_i - \frac{D_{i+1/2}}{W_{i+1/2}} \Phi_{i+1/2}\right] \exp\left(\frac{W_{i+1/2}}{D_{i+1/2}}(x - x_i)\right) + \frac{D_{i+1/2}}{W_{i+1/2}} \Phi_{i+1/2} \qquad \text{(Eq.II.35)}$$

Au point x_{i+1}, $y(x,t) = y_{i+1}$, d'où :

$$y_{i+1} = y_i \exp\left(\frac{W_{i+1/2}}{D_{i+1/2}}(x_{i+1} - x_i)\right) + \frac{D_{i+1/2}}{W_{i+1/2}} \Phi_{i+1/2}\left[1 - \exp\left(\frac{W_{i+1/2}}{D_{i+1/2}}(x_{i+1} - x_i)\right)\right]$$

Finalement, $\Phi_{i+1/2}$ s'écrit :

$$\Phi_{i+1/2} = \frac{y_{i+1} - y_i \exp\left(\dfrac{W_{i+1/2}}{D_{i+1/2}} \Delta x_+\right)}{\dfrac{D_{i+1/2}}{W_{i+1/2}}\left[1 - \exp\left(\dfrac{W_{i+1/2}}{D_{i+1/2}} \Delta x_+\right)\right]} \qquad \text{(Eq.II.36)}$$

Avec $\Delta x_+ = x_{i+1} - x_i$

On peut de la même manière déduire l'expression de $\Phi_{i-1/2}$ en fonction de y_i et y_{i-1} :

$$\Phi_{i-1/2} = \frac{y_i - y_{i-1} \exp\left(\dfrac{W_{i-1/2}}{D_{i-1/2}} \Delta x_-\right)}{\dfrac{D_{i-1/2}}{W_{i-1/2}}\left[1 - \exp\left(\dfrac{W_{i-1/2}}{D_{i-1/2}} \Delta x_-\right)\right]} \qquad \text{(Eq.II.37)}$$

Avec $\Delta x_- = x_i - x_{i-1}$

Connaissant $\Phi_{i+1/2}$ et $\Phi_{i-1/2}$ on peut maintenant écrire l'équation de transport en utilisant le schéma aux différences finies.

Le premier terme de l'équation ci-dessous est calculé au point x_i entre les instants t_k et t_{k+1}, le second terme est également calculé au point x_i, à l'instant t_{k+1}.

$$\left.\frac{\partial \Theta(x,t)}{\partial t}\right|_i^k = \frac{\Theta_i^{k+1} - \Theta_i^k}{\Delta t} \qquad (Eq.II.38)$$

$$\left.\frac{\partial \Phi(x,t)}{\partial x}\right|_i^{k+1} = \frac{\Phi_{i+1/2}^{k+1} - \Phi_{i-1/2}^{k+1}}{\Delta x} \qquad (Eq.II.39)$$

D'où l'équation (Eq.II.31) devienne:

$$\frac{\Theta_i^{k+1}}{\Delta t} - \frac{\Theta_i^k}{\Delta t} + \frac{\Gamma}{\Delta x}\left[\Phi_{i+1/2}^{k+1} - \Phi_{i-1/2}^{k+1}\right] = \vartheta_i^k$$

Nous avons: $\Delta x_+ = \Delta x_- = \Delta x$, en réécrivant les deux termes $\Phi_{i+1/2}^{k+1}$, $\Phi_{i-1/2}^{k+1}$:

$$\Phi_{i+1/2}^{k+1} = \frac{y_{i+1}^{k+1} - y_i^{k+1} \exp\left(\dfrac{W_{i+1/2}^k}{D_{i+1/2}^k}\Delta x\right)}{\dfrac{D_{i+1/2}^k}{W_{i+1/2}^k}\left[1 - \exp\left(\dfrac{W_{i+1/2}^k}{D_{i+1/2}^k}\Delta x\right)\right]} \qquad (Eq.II.40)$$

$$\Phi_{i-1/2}^{k+1} = \frac{y_i^{k+1} - y_{i-1}^{k+1} \exp\left(\dfrac{W_{i-1/2}^k}{D_{i-1/2}^k}\Delta x\right)}{\dfrac{D_{i-1/2}^k}{W_{i-1/2}^k}\left[1 - \exp\left(\dfrac{W_{i-1/2}^k}{D_{i-1/2}^k}\Delta x\right)\right]} \qquad (Eq.II.41)$$

Avec:

$$\begin{cases} w_{i+1/2}^k = \mu_{i+1/2}^k E_{i+1/2}^k \\ E_{i+1/2}^k = -\dfrac{V_{i+1}^k - V_i^k}{\Delta x} \\ y_{i+1}^{k+1} = \Theta_{i+1}^{k+1} D_{i+1}^k \end{cases}, \quad \begin{cases} w_{i-1/2}^k = \mu_{i-1/2}^k E_{i-1/2}^k \\ E_{i-1/2}^k = -\dfrac{V_i^k - V_{i-1}^k}{\Delta x} \\ y_{i-1}^{k+1} = \Theta_{i-1}^{k+1} D_{i-1}^k \end{cases} \quad \text{et} \quad y_i^{k+1} = \Theta_i^{k+1} D_i^k$$

On définit les termes T_1 et T_2 (Fig.II.3) par:

$$T_1 = -s \frac{\mu_{i+1/2}^k}{D_{i+1/2}^k}\left(V_{i+1}^k - V_i^k\right), \quad T_2 = -s \frac{\mu_{i-1/2}^k}{D_{i-1/2}^k}\left(V_i^k - V_{i-1}^k\right)$$

Avec:

✓ $s = -1$ pour les électrons

✓ $s = 1$ pour les ions

On multiplie le dominateur de l'équation (Eq.II.40) et (Eq.II.41) par $(\Delta x/\Delta x)$ et on introduit les paramètres (y, E, T, W). On retrouve les équations suivantes:

$$\Phi_{i+1/2}^{k+1} = \frac{\left(\Theta_{i+1}^{k+1} D_{i+1}^k - \Theta_i^{k+1} D_i^k \exp(T_1)\right)T_1}{\Delta x^2\left[1 - \exp(T_1)\right]} \qquad \text{(Eq.II.42)}$$

$$\Phi_{i-1/2}^{k+1} = \frac{\left(\Theta_i^{k+1} D_i^k - \Theta_{i-1}^{k+1} D_{i-1}^k \exp(T_2)\right)T_2}{\Delta x^2\left(1 - \exp(T_2)\right)} \qquad \text{(Eq.II.43)}$$

On obtient finalement :

$$\Theta_{i-1}^{k+1}\left[-\Gamma \frac{D_{i-1}\exp(T_2)}{\Delta x^2}\frac{T_2}{\exp(T_2)-1}\right] +$$

$$\Theta_i^{k+1}\left[\frac{1}{\Delta t} + \Gamma \frac{D_i \exp(T_1)}{\Delta x^2}\frac{T_1}{\exp(T_1)-1} + \Gamma \frac{D_i}{\Delta x^2}\frac{T_2}{\exp(T_2)-1}\right] + \qquad \text{(Eq.II.44)}$$

$$\Theta_{i+1}^{k+1}\left[-\Gamma \frac{D_{i+1}}{\Delta x^2}\frac{T_1}{\exp(T_1)-1}\right] = \vartheta_i^k + \frac{\Theta_i^k}{\Delta t}$$

D'où l'équation de l'énergie des électrons discrétise en 1D est donnée par la formule suivante:

$$n_e \varepsilon_{ei-1}^{k+1}\left[-\frac{5}{3}\frac{D_{ei-1}\exp(T_2)}{\Delta x^2}\frac{T_2}{\exp(T_2)-1}\right] +$$

$$n_e \varepsilon_{ei}^{k+1}\left[\frac{1}{\Delta t} + \frac{5}{3}\frac{D_{ei}\exp(T_1)}{\Delta x^2}\frac{T_1}{\exp(T_1)-1} + \frac{5}{3}\frac{D_{ei}}{\Delta x^2}\frac{T_2}{\exp(T_2)-1}\right] + \qquad \text{(Eq.II.45)}$$

$$n_e \varepsilon_{ei+1}^{k+1}\left[-\frac{5}{3}\frac{D_{ei+1}}{\Delta x^2}\frac{T_1}{\exp(T_1)-1}\right] = S_{ei}^k + \frac{n_e \varepsilon_{ei}^k}{\Delta t}$$

Cette équation (Eq.II.45) montre que le terme de droite ($S_{\epsilon i}^{k} + \dfrac{n_e \epsilon_{ei}^{k}}{\Delta t}$) est connu à l'instant k et les trois densités d'énergies $n_e \epsilon_{ei-1}^{k+1}, n_e \epsilon_{ei}^{k+1}$ et $n_e \epsilon_{ei+1}^{k+1}$ sont inconnus à l'instant k+1. Pour obtenir l'équation de transport d'électron ou d'ion en remplace Θ par n, Γ par 1 et ϑ par S dans l'expression (Eq.II.44).

$$n_{i-1}^{k+1}\left[-\frac{D_{i-1}\exp(T_2)}{\Delta x^2}\frac{T_2}{\exp(T_2)-1}\right]+$$

$$n_i^{k+1}\left[\frac{1}{\Delta t}+\frac{D_i\exp(T_1)}{\Delta x^2}\frac{T_1}{\exp(T_1)-1}+\frac{D_i}{\Delta x^2}\frac{T_2}{\exp(T_2)-1}\right]+ \qquad \text{(Eq.II.46)}$$

$$n_{i+1}^{k+1}\left[-\frac{D_{i+1}}{\Delta x^2}\frac{T_1}{\exp(T_1)-1}\right]=S_i^k+\frac{n_i^k}{\Delta t}$$

De même l'équation (EQ.II.46) montre que le terme de gauche $S_i^k + \dfrac{n_i^k}{\Delta t}$ est connu à l'instant k et les trois densités n_{i-1}^{k+1}, n_i^{k+1} et n_{i+1}^{k+1} sont inconnues à l'instant k+1.

II.5-1-2 Discrétisation de l'équation de Poisson

L'équation de poisson dans le modèle 1D est de la forme suivante:

$$\Delta v(x_i, t_{k+1}) = -\frac{e}{\epsilon_0}(n_+(x_i, t_k) - n_e(x_i, t_k)) \qquad \text{(Eq.II.47)}$$

On définit la charge d'espace nette par: $\rho(x_i, t_k) = -\dfrac{e}{\epsilon_0}(n_+(x_i, t_k) - n_e(x_i, t_k))$

Et $\qquad \Delta V(x_i, t_{k+1)}) = \Delta V_i^{k+1} = \left.\dfrac{\partial^2 V}{\partial x^2}\right|_i^{k+1}$

Avec $\left.\dfrac{\partial^2 V}{\partial x^2}\right|_i^{k+1} = \dfrac{V_{i-1}^{k+1} - 2V_i^{k+1} + V_{i+1}^{k+1}}{\Delta x^2}$

L'équation (Eq.II.47) devient:

$$V_{i-1}^{k+1} - 2V_i^{k+1} + V_{i+1}^{k+1} = \Delta x^2 \rho_i^k \qquad \text{(Eq.II.48)}$$

L'équation (Eq.II.48) montre que le terme de droite $\Delta x^2 \rho_i^k$ est connu à l'instant k et les potentiels V_{i-1}^{k+1}, V_i^{k+1} et V_{i+1}^{k+1} sont inconnus à l'instant k+1.

II-5-1-3 La méthode de résolution dans le code 1D

Les équations utilisés dans le code 1D sont les équations discrétisé précédemment il s'agit de l'équation de transport des électrons, des ions, l'équation de l'énergie des électrons et l'équation de poisson.

Le nombre des équations dans le code 1D est de quatre (Eq.II.45 pour les électrons et les ions, Eq.II.46 et Eq.II.48). Chaque équation est de la forme suivante:

$$a_i G_{i-1}^{k+1} + b_i G_i^{k+1} + c_i G_{i+1}^{k+1} = d_i. \qquad \text{(Eq.II.49)}$$

L'équation (Eq.II.49) est donc un système linéaire à matrice tridiagonale. Parmi les méthodes de résolution nous avons choisir une méthode rapide et sophistique, c'est l'algorithme de Thomas. La maille élémentaire du système d'équations (Eq.II.49) est donnée par la figure II.4

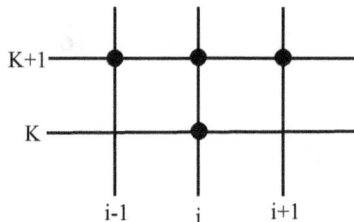

Figure II-4: *Maille élémentaire du système (Eq.II.49)*

Lorsque i varie de 2 à nx-1, on obtient une matrice tridiagonale qui est de la forme classique suivante:

$$\begin{cases} b_1 G_2 + c_1 G_3 = d_1 \\ a_i G_{i-1} + b_i G_i + c_i G_{i+1} = d_i \\ a_{nx-1} G_{nx-2} + b_{nx-1} G_{nx-1} = d_{nx-1} \end{cases} \qquad \text{(Eq.II.50)}$$

Avec i=2,3,……,nx-1

Les valeurs G_1 et G_{nx} sont connues grâce aux conditions aux limites. Les valeurs d_1, d_i et d_{nx-1} sont également connues. Le but maintenant est de déterminer les valeurs des grandeurs G_i pour i=2,3,....., nx-1. Parmi les méthodes de résolution des matrices tridiagonales, les méthodes directes à double balayage sont les plus efficaces. Pour ce faire on utilisera l'algorithme de Thomas [55].

On définit les termes α_i et β_i tels que:

$$\alpha_i = -\frac{c_i}{a_i.\alpha_{i-1} + b_i} \qquad \text{Avec} \quad \alpha_1 = -\frac{c_1}{b_1}$$

$$\beta_i = \frac{d_i - a_i\beta_{i-1}}{a_i.\alpha_{i-1} + b_i} \qquad \text{Avec} \quad \beta_1 = \frac{d_1}{b_1}$$

De sorte que les valeurs des variables dépendantes s'expriment comme suit:

$$G_{nx-1} = \beta_{nx-1} \quad \text{et}$$

$$G_i = \beta_i + \alpha_i\, G_{i+1} \qquad\qquad \text{(Eq.II.51)}$$

L'équation (II-50) nous permet de calculer aisément de proche en proche les couples (β_i, α_i) en faisant un premier balayage pour l'indice i variant de 2, à nx-1. Puis on effectue, un second balayage qui va nous permettre de déterminer les inconnues G_i à partir de l'équation (Eq.II.51) en commençant par G_{nx-1} et en progressant par valeurs décroissantes de l'indice i jusqu'à G_2. On obtient les valeurs de la grandeur G en tout point du domaine de définition.

II.5-2 Discrétisation des équations du modèle en 2D

II-5-2-1 Discrétisation des équations de transport et de l'énergie

Dans ce paragraphe nous allons discrétiser l'équation de transport et l'équation de l'énergie électronique du modèle 2D de la décharge. La figure (EQ.II.5) présente la configuration géométrique des électrodes avec les conditions aux limites du potentiel. La discrétisation du modèle 2D est cartésienne, on utilise le schéma de différence finie à flux exponentiel. A cet effet le pas dans le temps et les deux pas de position suivant l'axe X et Y sont réguliers. L'équation équivalente aux l'équation de transport (électron et ion) et l'équation de l'énergie est de la forme suivante:

$$\frac{\partial\Theta(x,y,t)}{\partial t} + \Gamma\frac{\partial\Phi(x,y,t)}{\partial x} + \Gamma\frac{\partial\Phi(x,y,t)}{\partial y} = \vartheta(x,y,t) \qquad \text{(Eq.II.52)}$$

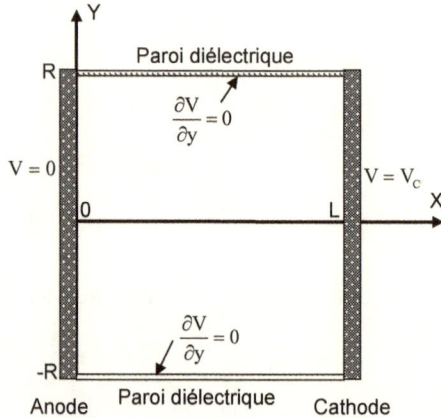

Figure II-5: *domaine d'étude du modèle 2D avec les conditions aux limite du potentiel*

Le terme Θ est discrétisé par la méthode de différence finie à droite et le terme Φ par la méthode de différence finie centré.

$$\left.\frac{\partial\Theta(x,y,t)}{\partial t}\right|_{i,j}^{k} = \frac{\Theta_{i,j}^{k+1} - \Theta_{i,j}^{k}}{\Delta t} \qquad \text{(Eq.II.53)}$$

$$\left.\frac{\partial\Phi(x,y,t)}{\partial x}\right|_{i,j}^{k+1} = \frac{\Phi_{i+1/2,j}^{k+1} - \Phi_{i-1/2,j}^{k+1}}{\Delta x} \qquad \text{(Eq.II.54)}$$

$$\left.\frac{\partial\Phi(x,y,t)}{\partial y}\right|_{i,j}^{k+1} = \frac{\Phi_{i,j+1/2}^{k+1} - \Phi_{i,j-1/2}^{k+1}}{\Delta y} \qquad \text{(Eq.II.55)}$$

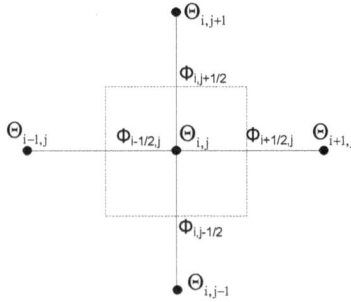

Figure II-6: *Maille élémentaire des grandeurs physiques*

Par analogue au modèle 1D on peut déduire le terme $\Phi_{i+1/2,j}^{k+1}$ en deux dimensions. La figure (II-6) présente La maille élémentaire des grandeurs physiques.

$$\Phi_{i+1/2,j}^{k+1} = \frac{y_{i+1,j}^{k+1} - y_{i,j}^{k+1}\exp\left(\dfrac{w_{i+1/2,j}^{k}}{D_{i+1/2,j}^{k}}\Delta x\right)}{\dfrac{D_{i+1/2,j}^{k}}{w_{i+1/2,j}^{k}}\left[1 - \exp\left(\dfrac{w_{i+1/2,j}^{k}}{D_{i+1/2,j}^{k}}\Delta x\right)\right]} \qquad \text{(Eq.II.56)}$$

$$w_{i+1/2,j}^{k} = \mu_{i+1/2,j}^{k}\, E_{i+1/2,j}^{k} \qquad \text{(Eq.II.57)}$$

$$y_{i+1,j}^{k+1} = \Theta_{i+1,j}^{k+1}\, D_{i+1,j}^{k} \qquad \text{(Eq.II.58)}$$

$$E_{i+1/2,j}^{k} = -\frac{V_{i+1,j}^{k} - V_{i,j}^{k}}{\Delta x} \qquad \text{(Eq.II.59)}$$

$$y_{i,j}^{k+1} = \Theta_{i,j}^{k+1}\, D_{i,j}^{k} \qquad \text{(Eq.II.60)}$$

On multiplie le dominateur de l'équation (Eq.II.30) par ($\Delta x/\Delta x$) et on introduit les paramètres (y, E, T$_1$, W), on retrouve l'équation suivante:

$$\Phi_{i+1/2,j}^{k+1} = \frac{\left[\Theta_{i+1,j}^{k+1}.D_{i+1,j}^{k} - \Theta_{i,j}^{k+1}.D_{i,j}^{k}\exp(T_1)\right]T_1}{\Delta x^2\left[1 - \exp(T_1)\right]} \qquad \text{(Eq.II.61)}$$

Avec:

$$T_1 = -s\frac{\mu_{i+1/2,j}^k}{D_{i+1/2,j}^k}\left(V_{i+1,j}^k - V_{i,j}^k\right)$$ (Eq.II.62)

De la même manière on calcule les flux $\Phi_{i-1/2,j}^{k+1}$, $\Phi_{i+1/2,j}^{k+1}$, $\Phi_{i,j-1/2}^{k+1}$ et $\Phi_{i,j+1/2}^{k+1}$

$$\Phi_{i-1/2,j}^{k+1} = \frac{\left[\Theta_{i,j}^{k+1}\, D_{i,j}^k - \Theta_{i-1,j}^{k+1}\, D_{i-1,j}^k \exp(T_2)\right]T_2}{\Delta x^2 \left[1 - \exp(T_2)\right]}$$ (Eq.II.63)

Avec:

$$T_2 = -s\frac{\mu_{i-1/2,j}^k}{D_{i-1/2,j}^k}\left(V_{i,j}^k - V_{i-1,j}^k\right)$$ (Eq.II.64)

$$\Phi_{i,j+1/2}^{k+1} = \frac{\left[\Theta_{i,j+1}^{k+1}\, D_{i,j+1}^k - \Theta_{i,j}^{k+1}\, D_{i,j}^k \exp(T_3)\right]T_3}{\Delta y^2 \left[1 - \exp(T_3)\right]}$$ (Eq.II.65)

Avec:

$$T_3 = -s\frac{\mu_{i,j+1/2}^k}{D_{i,j+1/2}^k}\left(V_{i,j+1}^k - V_{i,j}^k\right)$$ (Eq.II.66)

$$\Phi_{i,j-1/2}^{k+1} = \frac{\left[\Theta_{i,j}^{k+1}\, D_{i,j}^k - \Theta_{i,j-1}^{k+1}\, D_{i,j-1}^k \exp(T_4)\right]T_4}{\Delta y^2 \left[1 - \exp(T_4)\right]}$$ (Eq.II.67)

Avec:

$$T_4 = -s\frac{\mu_{i,j-1/2}^k}{D_{i,j-1/2}^k}\left(V_{i,j}^k - V_{i,j-1}^k\right)$$ (Eq.II.68)

Sur l'intervalle $[x_i, x_{i+1}]$ et $[y_i, y_{i+1}]$ on donne la maille élémentaire des termes T sur la figure (II-7).

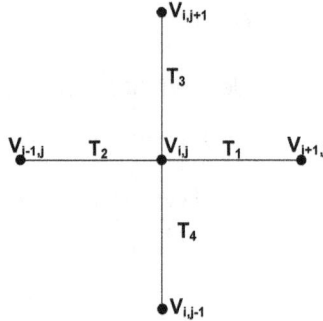

Figure II-7: *la maille élemantaire des termes T*

57

On regroupe les équations (Eq.II.53), (Eq.II.61), (Eq.II.63), (Eq.II.65), (Eq.II.67) dans l'équation (Eq.II.52), on déduit le système d'équations suivant:

$$\Theta_{i-1,j}^{k+1}\left[\Gamma\frac{D_{i-1,j}expT_2}{\Delta x^2\left(1-expT_2\right)}T_2\right]+\Theta_{i,j}^{k+1}\left[\frac{1}{\Delta t}-\Gamma\frac{D_{i,j}expT_1}{\Delta x^2\left(1-expT_1\right)}T_1-\Gamma\frac{D_{i,j}T_2}{\Delta x^2\left(1-expT_2\right)}\right.$$

$$\left.-\Gamma\frac{D_{i,j}expT_3}{\Delta y^2(1-expT_3)}T_3-\Gamma\frac{D_{i,j}T_4}{\Delta y^2(1-expT_4)}\right]+\Theta_{i+1,j}^{k+1}\left[\Gamma\frac{D_{i+1,j}T_1}{\Delta x^2(1-expT_1)}\right] \qquad \text{(Eq.II.69)}$$

$$+\Theta_{i,j-1}^{k+1}\left[\Gamma\frac{D_{i,j-1}expT_4}{\Delta y^2\left(1-expT_4\right)}\right]T_4+\Theta_{i,j+1}^{k+1}\left[\Gamma\frac{D_{i,j+1}T_3}{\Delta y^2(1-expT_3)}\right]=\frac{\Theta_{i,j}^k}{\Delta t}+\vartheta_{i,j}^k$$

D'où l'équation de l'énergie des électrons du modèle 2D de la décharge luminescente est de la forme discrétiser ci-dessous. En remplaçant Θ par $n_e\varepsilon_e$, Γ par $\frac{5}{3}$ et ϑ par S_ε dans l'expression (Eq.II.69).

$$n_e\varepsilon_{ei-1,j}^{k+1}\left[\frac{5}{3}\frac{D_{i-1,j}expT_2}{\Delta x^2\left(1-expT_2\right)}T_2\right]+n_e\varepsilon_{ei,j}^{k+1}\left[\frac{1}{\Delta t}-\frac{5}{3}\frac{D_{i,j}expT_1}{\Delta x^2\left(1-expT_1\right)}T_1-\frac{5}{3}\frac{D_{i,j}T_2}{\Delta x^2\left(1-expT_2\right)}\right.$$

$$\left.-\frac{5}{3}\frac{D_{i,j}expT_3}{\Delta y^2(1-expT_3)}T_3-\frac{5}{3}\frac{D_{i,j}T_4}{\Delta y^2(1-expT_4)}\right]+n_e\varepsilon_{ei+1,j}^{k+1}\left[\frac{5}{3}\frac{D_{i+1,j}T_1}{\Delta x^2(1-expT_1)}\right] \qquad \text{(Eq.II.70)}$$

$$+n_e\varepsilon_{ei,j-1}^{k+1}\left[\frac{5}{3}\frac{D_{i,j-1}expT_4}{\Delta y^2\left(1-expT_4\right)}\right]T_4+n_e\varepsilon_{ei,j+1}^{k+1}\left[\frac{5}{3}\frac{D_{i,j+1}T_3}{\Delta y^2(1-expT_3)}\right]=\frac{n_e\varepsilon_{ei,j}^k}{\Delta t}+S_{ei,j}^k$$

De même, pour obtenir l'équation de transport du modèle 2D de la décharge, sous la forme discrétiser. En remplaçant Θ par n , Γ par 1 et ϑ par S dans l'expression (Eq.II.69).

$$n_{i-1,j}^{k+1}\left[\frac{D_{i-1,j}\exp T_2}{\Delta x^2(1-\exp T_2)}T_2\right]+n_{i,j}^{k+1}\left[\frac{1}{\Delta t}-\frac{D_{i,j}\exp T_1}{\Delta x^2(1-\exp T_1)}T_1-\frac{D_{i,j}T_2}{\Delta x^2(1-\exp T_2)}\right.$$

$$\left.-\frac{D_{i,j}\exp T_3}{\Delta y^2(1-\exp T_3)}T_3-\frac{D_{i,j}T_4}{\Delta y^2(1-\exp T_4)}\right]+n_{i+1,j}^{k+1}\left[\frac{D_{i+1,j}T_1}{\Delta x^2(1-\exp T_1)}\right] \qquad \text{(Eq.II.71)}$$

$$+n_{i,j-1}^{k+1}\left[\frac{D_{i,j-1}\exp T_4}{\Delta y^2(1-\exp T_4)}\right]T_4+n_{i,j+1}^{k+1}\left[\frac{D_{i,j+1}T_3}{\Delta y^2(1-\exp T_3)}\right]=\frac{n_{i,j}^k}{\Delta t}+S_{i,j}^k$$

II-5-2-2 Discrétisation de l'équation de Poisson

Dans ce paragraphe, on va discrétiser l'équation de Poisson adaptée à une géométrie cartésienne bidimensionnelle en utilisant la méthode des différences finies centrées. L'équation à discrétiser en géométrie cartésienne bidimensionnelle s'écrit:

$$\Delta V(x_i,y_j,t_{k+1})=-\frac{e}{\varepsilon_0}(n_+(x_i,y_j,t_k)-n_e(x_i,y_j,t_k)) \qquad \text{(Eq.II.72)}$$

À l'aide de la méthode des différences finies centrées on obtient:

$$\Delta^2 V(x_i,y_j,t_{k+1})=\frac{\partial^2 V(x_i,y_j,t_{k+1})}{\partial x^2}+\frac{\partial^2 V(x_i,y_j,t_{k+1})}{\partial y^2} \qquad \text{(Eq.II.73)}$$

$$\left.\frac{\partial^2 V(x_i,y_j,t_{k+1})}{\partial x^2}\right|_{i,j}=\frac{V_{i-1,j}^{k+1}-2V_{i,j}^{k+1}+V_{i+1,j}^{k+1}}{\Delta x^2} \qquad \text{(Eq.II.74)}$$

$$\left.\frac{\partial^2 V(x_i,y_j,t_{k+1})}{\partial y^2}\right|_{i,j}=\frac{V_{i,j-1}^{k+1}-2V_{i,j}^{k+1}+V_{i,j+1}^{k+1}}{\Delta y^2} \qquad \text{(Eq.II.75)}$$

Donc:

$$V_{i-1,j}^{k+1}\left(\frac{1}{\Delta x^2}\right)-2V_{i,j}^{k+1}\left(\frac{1}{\Delta y^2}+\frac{1}{\Delta x^2}\right)+V_{i+1,j}^{k+1}\left(\frac{1}{\Delta x^2}\right)+$$

$$V_{i,j-1}^{k+1}\left(\frac{1}{\Delta y^2}\right)+V_{i,j+1}^{k+1}\left(\frac{1}{\Delta y^2}\right)=\rho_{i,j}^k \qquad \text{(Eq.II.76)}$$

Avec la charge nette:

$$\rho_{i,j}^k = -\frac{e}{\varepsilon_0}(n_+(x_i, y_j, t_k) - n_e(x_i, y_j, t_k)) \qquad \text{(Eq.II.77)}$$

En conclusion de ces paragraphes le système d'équations obtenu précédemment il s'agit des expressions (Eq.II.70), (Eq.II.71) et (Eq.II.76) sont des formes voisines, chacun va être résolu par la méthode itérative de sur-relaxation combinée à l'algorithme de Thomas pour les matrices tridiagonales. Nous allons, dans ce qui suit illustrer cette technique.

II-5-2-3   La méthode de résolution dans le code 2D

Le système d'équation correspondant à chaque équation du modèle 2D de la décharge est de la forme suivante:

$$a_{i,j}G_{i-1,j}^{k+1} - b_{i,j}G_{i,j}^{k+1} + c_{i,j}G_{i+1,j}^{k+1} + d_{i,j}G_{i,j-1}^{k+1} + e_{i,j}G_{i,j+1}^{k+1} = f_{i,j}^k \qquad \text{(Eq.II.78)}$$

On suppose que les valeurs $G_{i,j-1}^{k+1}, G_{i,j+1}^{k+1}$ sont connues. Elles sont issues d'une première solution arbitraire correspondant à la première itération des calculs. Le nouveau système obtenu s'écrit:

$$a_{i,j}G_{i-1,j}^{k+1} - b_{i,j}G_{i,j}^{k+1} + c_{i,j}G_{i+1,j}^{k+1} = f_{i,j}^k - d_{i,j}G_{i,j-1}^{k+1} - e_{i,j}G_{i,j+1}^{k+1} \qquad \text{(Eq.II.79)}$$

Donc pour chaque valeur de l'indice j, lorsque i varie, on aura la matrice tridiagonale. On utilise l'algorithme de Thomas pour calculer les valeurs $G_{i,j}^{k+1}$. Ensuite, on passe à la valeur suivante de j. Lorsque toutes les valeurs de j seront considérées, on obtient le grandeur ($G_{i,j}^{k+1}$) en tout point du domaine de définition.

Cette solution correspond à la première itération. La solution ainsi obtenue est remise dans le membre de droite de l'équation (Eq.II.79) afin de donner une nouvelle estimation des grandeurs $G_{i,j}^{k+1}$ et $G_{i,j+1}^{k+1}$. A chaque itération, la nouvelle estimation converge de plus en plus vers la solution recherchée. On continuera donc les itérations successives jusqu'au degré de convergence souhaité. Dans le but d'accélérer la convergence, on utilise un facteur de sur-relaxation ω (d'où le nom de la méthode) compris entre les valeur 1 et 2 qui est en fait un coefficient par lequel on multiplie les grandeurs supposés connus ($G_{i,j}^{k+1}$ et $G_{i,j+1}^{k+1}$). En général, la valeur de ce facteur ω n'est pas connue. A priori; des essais sont nécessaires pour le déterminer.

II-6   DONNEES DE BASE POUR L'ARGON ATOMIQUE

Les mobilités des électrons et des ions sont données par Lin et al [56-58]. Le coefficient diffusion des ions est donné par Ward [17].

II-6-1   Terme source d'ionisation des électrons et des ions

Le terme source d'ionisation dépend de la température électronique. Dans le cas de l'argon est définie par l'expression empirique suivante [1]:

$$S = K_i Nn_e \exp(-E_i / KT_e)$$

Avec N la densité du gaz est égale à $2,83.10^{16}$ cm^{-3} et E_i l'énergie d'activation de l'ionisation est égale à 24 eV. K_i est le facteur pré-exponentiel sa valeur est de $2,5.10^{-6}$ cm^{3}s^{-1}

II-6-2   Terme source de l'énergie électronique

Dans notre modèle, le terme source de l'énergie dans le cas du gaz argon monoatomique est constitué de deux termes. Un terme dû à l'échauffement. Il prend la forme empirique suivante ; $-e\phi_e E$, et l'autre terme dû au refroidissement, il est de la forme suivante : $-SH_i$.

Où H_i est l'énergie perdue par ionisation, sa valeur est 15,578 eV

II-6-3   Mobilités électronique et ionique

La mobilité des électrons et des ions Ar+ sont considérés comme constants, ne dépendant pas du champ électrique. Elles sont données par Lin[58]: $\mu_e = 2.10^5$ cm^{2}v^{-1}s^{-1} et $\mu_+ = 2.10^3$ cm^{2}v^{-1}s^{-1}.

II-6-4 Coefficient de diffusion ionique et électronique

Le coefficient de diffusion des ions Ar+ est inversement de la pression du gaz p. Ce paramètre de transport est donné par Ward [17]. L'énergie caractéristique des ions dans notre étude est $D_+ / \mu_+ = 0.105$ eV avec $D_+ = 2.10^2 / p \cdot cm^2 s^{-1}$, et $p = NK_B T$, avec T est la température du gaz qui est égale à $323°$ K.

Le coefficient de diffusion des électrons dans notre modèle physique dépend de la température électronique à partir de l'expression suivant: $D_e = \mu_e K_B T_e / e$

II-6-5 Coefficient d'émission secondaire à la cathode

Le coefficient d'émission secondaire γ représente le nombre d'électrons émis par particule incidente. Ce coefficient définit la probabilité qu'un électron soit émis lorsqu'une particule entre en collision avec la surface délimitant le plasma. Il fait partie des nombreux processus d'entretien de la décharge permettant de compenser les pertes électroniques aux parois. Des particules comme les ions positifs, les neutres rapides, les neutres excités, les photons, peuvent être à l'origine de l'émission d'électrons secondaire. Le coefficient d'émission secondaire varie en fonction du type de particule, de son énergie et de la nature du matériau (composition et structure) de la cathode. Dans notre travail, l'émission d'électrons de la surface cathodique est provoquée uniquement par le bombardement ionique avec un coefficient d'émission secondaire γ constant est égal à 0.046.

II-7 CONDITIONS INITIALES ET AUX LIMITES
❖ Pour le modèle 1D

- La distribution initiale de la température électronique est prise constante. $T_e(t,x) = 2$ eV et $t = 0$

- La distribution initiale des densités électronique et ionique forme une gaussienne, elle est donnée [59] par la relation suivante:

$$n_e = n_i = 10^7 + 10^9 \left(1 - \frac{x}{L}\right)^2 \left(\frac{x}{L}\right)^2 \qquad \text{(en cm}^{-3}\text{)}$$

Le choix de la distribution initiale des densités et de la température des électrons n'a aucune influence sur l'état stationnaire, elle a été également utilisée comme condition initiale pour accélérer la convergence vers l'état stationnaire. Nous avons respecté Les conditions aux limites ci-dessous dans notre code 1D.

▣ Au niveau de l'anode

- La densité électronique est égale à zéros. $n_e(t,x) = 0$, avec $x = 0$
- Le potentiel électrique est nul. $v(t,x) = 0$ et $x = 0$

▣ An niveau de la cathode

- Le potentiel électrique est égal au potentiel appliqué. $v(t,x) = V_{DC}$ et $x = L$
- La température électronique est prise constante. $T_e(t,x) = T_C$ avec $x = L$
- Le flux électronique est proportionnel au flux ionique à travers le coefficient d'émission secondaire. $\phi_e(t,x) = -\gamma \phi_+(t,x)$ et $x = L$

Avec γ est le coefficient d'émission secondaire.

❖ Pour le modèle 2D

- La distribution initiale de la température électronique est prise constante. $T_e(t,x,y) = 2\,\text{eV}$ et $t = 0$
- le chois de La distribution initiale des densités électronique et ionique dans le modèle 2D est de la formule suivante:

$$n_e = n_i = \left(10^7 + 10^9 \left(1 - \frac{x}{L}\right)^2 \left(\frac{x}{L}\right)^2 + 1 - \frac{y}{2R}\right)^2 \left(\frac{y}{2R}\right)^2 \qquad \text{(en cm}^{-3}\text{)}$$

Dans le code numérique 2D nous avons adopté les conditions aux limites suivantes:

⊠ **Au niveau de l'anode**

- $n_e(t,x,y) = 0$, avec $x = 0$ et y varie de R jusqu'à -R

- $v(t,x,y) = 0$ avec $x = 0$ et y varie de R jusqu'à –R

⊠ **An niveau de la cathode**

- $v(t,x,y) = V_{DC}$ où $x = L$ et y varie de R jusqu'à –R

- $T_e(t,x,y) = T_C$ où $x = L$ et y varie de R jusqu'à –R

- $\phi_e(t,x,y) = -\gamma\phi_+(t,x,y)$ où $x = L$ et y varie de R jusqu'à –R

⊠ **An niveau des parois diélectrique**

- $n_e(t,x,y) = n_+(t,x,y) = 0$ où $y = \pm R$ et x varie de 0 jusqu'à L

- Le potentiel électrique est adopté par la condition de Neumann

  c'est à dire : $\dfrac{\partial V(t,x,y)}{\partial y} = 0$

II-8 ORGANIGRAMMES SYNOPTIQUES DE LA DECHARGE LUMINESCENTE EN 1D ET 2D

Vu la complexité des codes numériques développés dans le cadre de ce travail, nous avons préféré présenter sur les figures II-8 et II-9 les organigrammes de la simulation de la décharge luminescente en 1D et 2D. Ces figures résument d'une façon succincte la procédure suivie dans nos codes numériques pour la détermination des caractéristiques de la décharge luminescente.

La distance inter-électrodes, la pression, le potentiel, la température du gaz, les densités initiales et la température électronique initiale sont les paramètres nécessaires à l'étude de la décharge par le modèle hydrodynamique.

Le terme source de paires électron-ion est déterminé à l'aide de la température électronique appliqué à l'instant initial. Après la résolution des équations macroscopiques et l'équation de l'énergie, on obtient la charge d'espace qui permet de calculer le nouveau champ électrique qui règne dans l'espace inter-électrodes.

On peut alors recalculer les paramètres nécessaires de transport des particules correspondant à ce champ électrique $\vec{E}$ et la température électronique T_e, puis résoudre les équations macroscopiques, calculer la charge d'espace, etc. Cette boucle est effectuée jusqu'à ce que le temps maximum fixée pour la simulation soit écoulé ou encore jusqu'à la convergence.

Toute erreur commise sur le calcul du champ électrique et la température T_e est répercutée sur le calcul des coefficients de transport et plus particulièrement sur la fréquence d'ionisation. Si, par exemple la température T_e est surestimée, les densités électroniques et ioniques seront surévaluées, la température d'espace sera à son tour irréaliste et des amplifications seront générées à chaque pas de calcul.

On peut considérer globalement que la densité électronique n_e est proportionnelle à la température selon la loi: $n_e \propto n_0 \exp(\, f(T_e)\,))$. En raison de cette dépendance doublement exponentielle par rapport à la température T_e, il est aisé d'imaginer les conséquences sur la densité n_e d'un calcul erroné de la température électronique.

II-8-1 Organigramme synoptique de la décharge luminescente en 1D

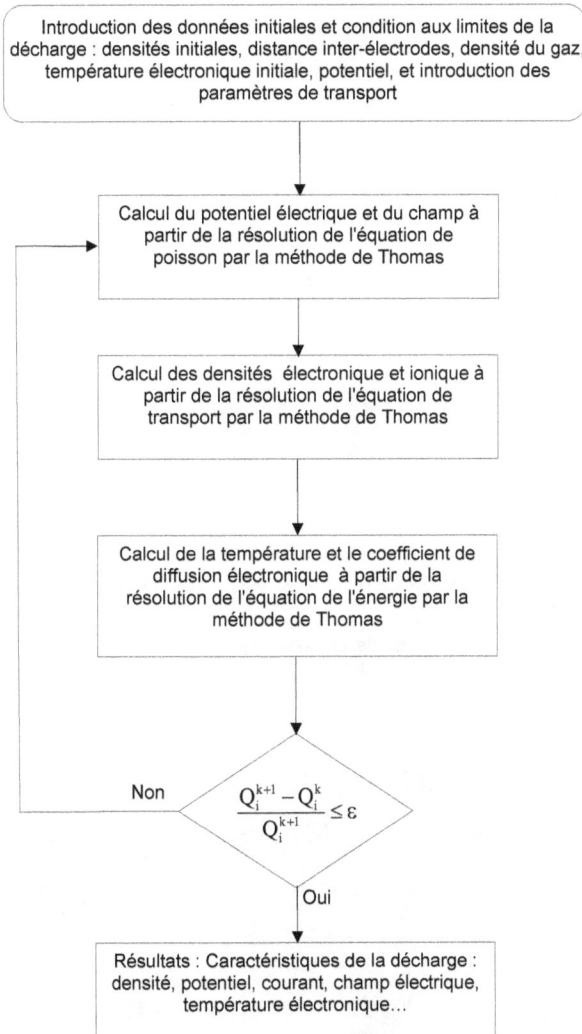

Figure II-8: *Organigramme synoptique du modèle numérique 1D pour la simulation de la décharge luminescente (Q_i^k est une variable physique à l'instant k).*

II-8-2 Organigramme synoptique de la décharge luminescente en 2D

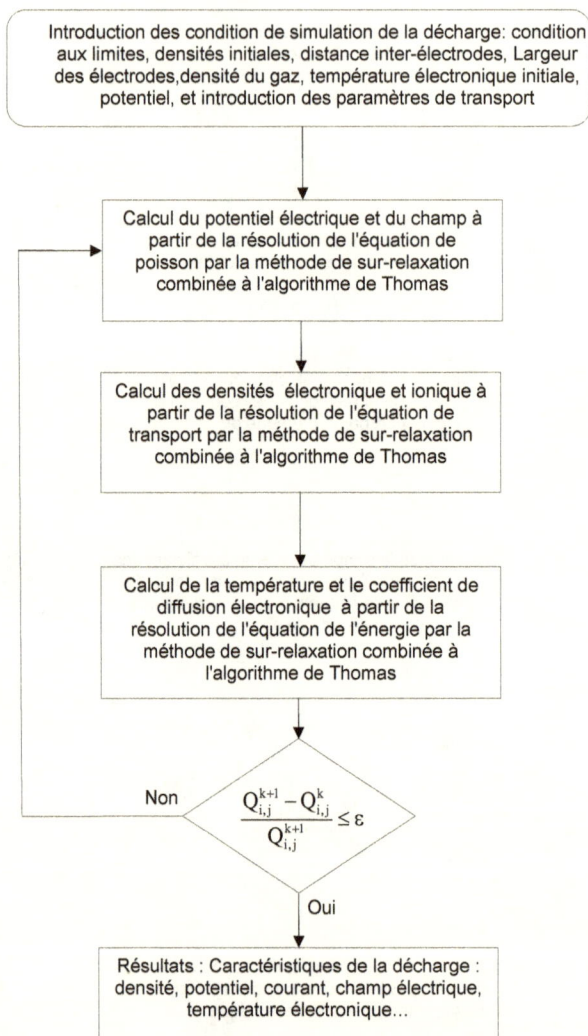

Figure II-9 : *Organigramme synoptique du modèle numérique 2D pour la simulation de la décharge luminescente (* $Q_{i,j}^k$ *est une variables physique à l'instant k).*

II-9 CONCLUSION

Dans ce chapitre nous avons présenté les modèles fluides utilisés dans notre code numérique pour la modélisation en 1D et 2D d'une décharge luminescente dans l'argon en régime continu. Ces modèles sont basés sur la résolution des trois premiers moments de l'équation de Boltzmann couplés de façon auto-cohérente à l'équation de Poisson. Dans ce chapitre, nous avons présenté les outils numériques nécessaires à la simulation de ce type de décharge électrique. Dans le modèle 1D, les équations de transport et de l'énergie sont discrétisés par la méthode de différence finie à flux exponentiel. La résolution de ces équations est effectuée par la technique de Thomas. Dans le modèle 2D, La résolution des équations de transport et de l'énergie après discrétisation par la méthode des différences finies à flux exponentiel est effectuée par la technique de sur-relaxation combinée à l'algorithme de Thomas pour la résolution des matrices tridiagonales.

CHAPITRE III

CARACTERISTIQUES ELECTRIQUES EN 1D D'UNE DECHARGE LUMINESCENTE EN REGIME CONTINU

III-1 INTRODUCTION

Dans ce chapitre, les résultats du modèle fluide sont donnés pour une décharge luminescente à basse pression développée entre deux électrodes planes et parallèles dans l'argon. Les distributions monodimensionnelles des caractéristiques physiques à l'état stationnaire sont présentées pour illustrer le comportement de la décharge dans le régime subnormal et normal. Nous allons après valider le code 1D développé dans ce travail en effectuant une comparaison de nos résultats avec ceux issus de la littérature [56 - 58]. Par la suite, nous allons effectuer une étude paramétrique (pour voir l'influence de la tension appliquée, de la pression du gaz et du coefficient d'émission secondaire sur les propriétés électriques de la décharge luminescente normale

III-2 COMPORTEMENT ELECTRIQUE D'UNE DECHARGE LUMINESCENTE NORMALE EN 1D

Dans cette section, nous allons étudier le comportement électrique d'une décharge luminescente DC dans une géométrie monodimensionnelle. Le système d'équations en 1D pour l'argon monoatomique est de la forme suivante:

$$\frac{\partial n_e}{\partial t} + \frac{\partial \phi_e}{\partial x} = S \qquad \text{(Eq.III-1)}$$

$$\phi_e = -\mu_e E n_e - \frac{\partial D_e n_e}{\partial x} \qquad \text{(Eq.III-2)}$$

$$S = K_i N n_e \exp(-E_i / K T_e) \qquad \text{(Eq.III-3)}$$

$$D_e = \frac{\mu_e K_B T_e}{e} \qquad \text{(Eq.III-4)}$$

$$\frac{\partial n_+}{\partial t} + \frac{\partial \phi_+}{\partial x} = S \qquad \text{(Eq.III-5)}$$

$$\phi_+ = \mu_+ E n_+ - \frac{\partial D_+ n_+}{\partial x} \qquad \text{(Eq.III-6)}$$

$$\frac{\partial n_e \varepsilon_e}{\partial t} + \frac{5}{3} \frac{\partial \phi_\varepsilon}{\partial x} = S_\varepsilon \qquad \text{(Eq.III-7)}$$

$$\phi_\varepsilon = -\mu_e E n_e \varepsilon_e - \frac{\partial D_e n_e \varepsilon_e}{\partial x} \qquad \text{(Eq.III-8)}$$

$$S_\varepsilon = -e\phi_e E - K_i N n_e \exp(-E_i / K T_e) H_i \qquad \text{(Eq.III-9)}$$

$$\nabla E = \frac{|e|}{\varepsilon_0} (n_i - n_e) \qquad \text{(Eq.III-10)}$$

Où n_e, n_+, Φ_e, Φ_+, μ_e, μ_+, D_e, D_+, K_i, E_i, T_e, E et $K_B = 1.38062.10^{-23}$ (J/K°) sont respectivement ; la densité électronique, la densité ionique, le flux électronique et le flux ionique, la mobilité électronique, la mobilité ionique, le coefficient de diffusion électronique, le coefficient de diffusion ionique, le facteur pré-exponentiel, l'énergie d'activation de l'ionisation, la température des électrons, le champ électrique et la constante de Boltzmann. ε_0 et e sont respectivement ; la permittivité du vide $\varepsilon_0 = 8.85 \times 10^{-14}$ CV^{-1}cm^{-1} et la charge de l'électron e = 1.6×10^{-19} C. La densité du gaz (N) dans l'enceinte est égale à $2,83.10^{16}$ cm^{-3} et la température est fixée à 323(°K). La pression de gaz est calculée à partir de la densité du gaz N, en appliquant la loi des gaz parfaits donnée par : $P = N K_B T$. Les données de base introduites dans notre modèle numérique sont consignées dans le tableau (III-1). Le pas d'intégration dans le temps Δt est pris égal à 10^{-9} (s). Ce paramètre doit être inférieur à $\Delta x / v_+$ (Δx

est le pas d'intégration dans l'espace et v_+ la vitesse de dérive des ions) [60].

Toutes les propriétés électriques de la décharge luminescente dans l'argon sont présentées dans ce chapitre à l'état stationnaire pour le régime normal de la décharge.

Dans ce qui suit, nous allons présenter les distributions du potentiel et du champ électrique, des densités ionique et électronique, la température électronique et les densités de courant de la décharge luminescente normale. Le potentiel à l'anode est fixé à 0 Volt ($x = 0$) et à -77.4 Volts à la cathode ($x = L$). La distance inter-électrodes est égale à 3.525 (cm). La température électronique à la cathode est de 0.5 (eV). Le coefficient d'émission secondaire γ à la cathode est de 0.046.

Paramètres de transport dans l'argon	Valeurs	Références
Mobilité électronique μ_e (v^{-1} cm^2 s^{-1})	2. 10^5	[56]
Mobilité ionique μ_+ (v^{-1} cm^2 s^{-1})	2. 10^3	[56]
Coefficient de diffusion ionique D_+ (cm^2 s^{-1}torr^{-1})	2. 10^2/p	[17]
Energie d'activation de l'ionisation E_i (eV)	24	[56]
Facteur pré-exponentiel K_i (cm^{3}s^{-1})	2,5.10^{-6}	[56]
Energie perdue par ionisation H_i (eV)	15,578	[56]

Tableau III-1: *Récapitulatif des données de base utilisées et leurs références.*

III-2-1 Distribution spatiale du potentiel et du champ électrique

Les distributions spatiales du potentiel et du champ électriques à l'état stationnaire de la décharge sont montrées sur les figures (III-1) et (III-2). Nous observons une chute de potentiel importante sur le profil du potentiel électrique dans la région de la gaine cathodique à cause de la présence d'une charge d'espace nette qui est très importante, ce qui induit un champ électrique intense dans cette région. Dans la région du plasma la distribution du potentiel est presque constante. Elle est due à la charge d'espace nette qui est négligeable, ce qui entraîne un champ électrique nul. Dans la gaine anodique la distribution du potentiel varie légèrement à cause de la présence d'une charge d'espace nette moins importante, ce qui induit la variation du champ électrique.

III-2-2 Distribution spatiale des densités électronique et ionique

Les profils des densités des particules chargées en fonctions de la distance inter-électrodes réduite pour les électrons et les ions présentent dans l'argon sont montrés à l'état stationnaire sur les figures (III-3) et (III-4). On constate que la densité ionique est très importante par rapport à la densité électronique dans la gaine cathodique, ce qui entraîne une charge d'espace importante qui est due à la vitesse de propagation des électrons qui ceux déplaces rapidement vers l'anode par rapport à la vitesse de propagation des ions qui se déplacent lentement vers la cathode.

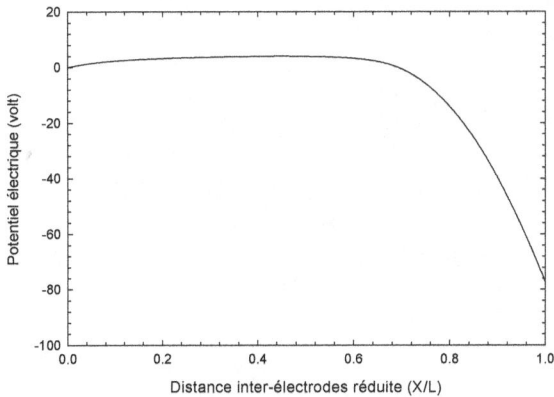

Figure III-1: *Distribution spatiale en 1D du potentiel électrique*

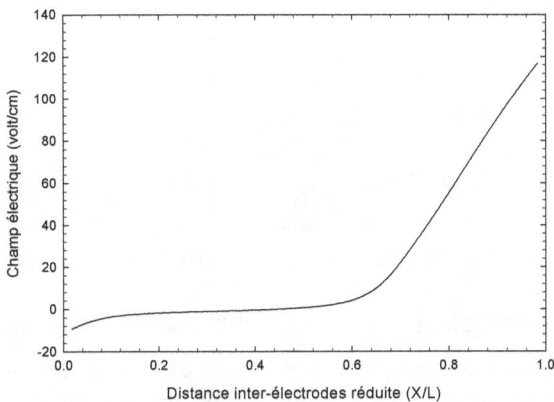

Figure III-2: *Distribution spatiale en 1D du champ électrique*

Dans la région du plasma on remarque que les densités électronique et ionique sont identiques, ce qui induit une charge d'espace nulle, autrement dit c'est la région d'accumulation des espèces chargées. Le maximum des densités dans cette région est de 2,42 10^8 (cm^{-3}). Dans la gaine anodique on constate que la densité ionique est moins importante par rapport à la densité électronique, ce qui induit une charge d'espace nette relativement faible.

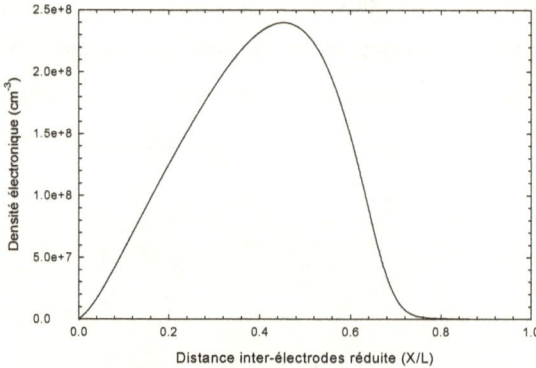

Figure III-3: *Distribution spatiale en 1D de la densité électronique*

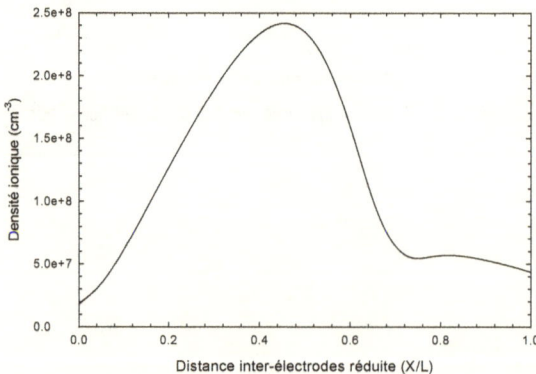

Figure III-4: *Distribution spatiale en 1D de la densité ionique*

III-2-3 Distribution spatiale de la température électronique

Le profil de la température électronique dans l'espace inter-électrodes est montré à l'état stationnaire sur La figure III-5. On constate que la température électronique est de 0.5 eV à la cathode. Elle est due aux

73

conditions aux limites imposées. La chute cathodique est caractérisée par une température des électrons assez importante à cause du champ électrique qui est lui aussi important. Cette région joue le rôle de la source du processus d'ionisation du gaz. A cet effet nous avons suffisamment de paires des électrons et des ions. Dans la région du plasma, la température des électrons est moins importante à cause du champ électrique qui est nul. Ceci se traduit par une quasi immobilisation des électrons. L'évolution du profil de la température électronique dans cette région de la décharge se présente comme une droite.

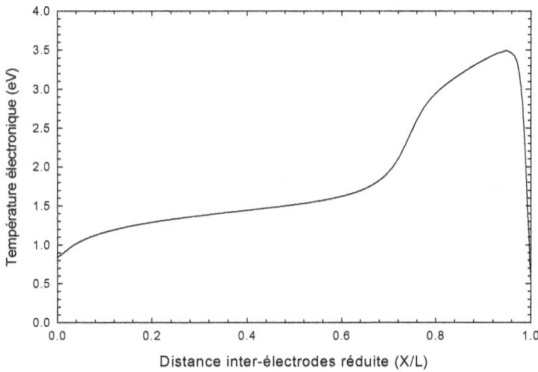

Figure III-5: *Distribution spatiale en 1D de la température électronique*

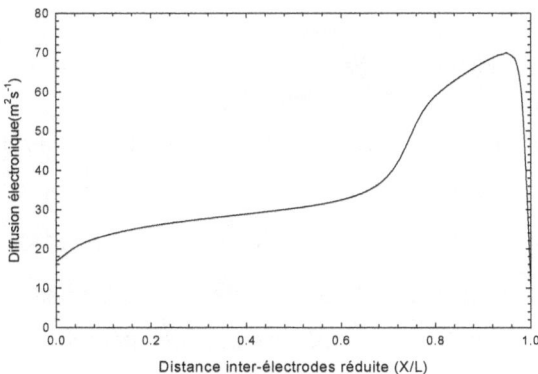

Figure III-6: *Distribution spatiale en 1D du coefficient de diffusion électronique*

Dans la gaine anodique, l'évolution de la température électronique est caractérisée par sa chute à cause de l'inversion du champ électrique dans cette région. On peut facilement connaître le coefficient de diffusion électronique à partir de la relation d'Einstein (voir Eq.III-4). La distribution spatiale du coefficient de diffusion électronique à l'état stationnaire de la décharge est présentée sur la figure III-6.

III-2-4 Distribution spatiale des flux électronique, ionique et total

La figure III-7 illustre les distributions spatiales des flux électronique, ionique et total à l'état stationnaire de la décharge luminescente. Le flux électronique prend une valeur minimale au niveau de la cathode, puis croît progressivement jusqu'à une valeur constante ($\phi_e = -1.1804 \cdot 10^{13} \, cm^{-2} s^{-1}$).

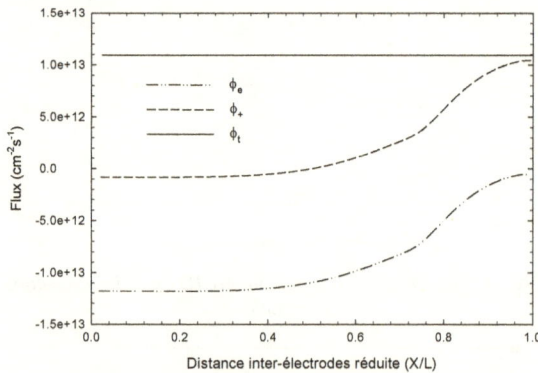

Figure III-7: *Distribution spatiale en 1D des flux électronique, ionique et total*

Inversement, par rapport au flux électronique, le flux ionique prend une valeur maximale au niveau de la cathode ($\phi_+ = 1.0555 \cdot 10^{13} \, cm^{-2} s^{-1}$) puis décroît progressivement jusqu'à une valeur constante ($\phi_+ = -7.6360 \cdot 10^{11} \, cm^{-2} s^{-1}$) dans la région anodique. Le flux total est constant dans l'espace inter-électrodes. Ceci est dû à la répartition uniforme des espèces négatives et positives dans le cas du gaz monoatomique argon. La valeur du flux total est égale à $1.1041 \, 10^{13} \, cm^{-2} s^{-1}$.

On remarque également que le flux électronique est négatif dans l'espace inter-électrodes, parce que le déplacement des électrons est au sens inverse du maillage. Les ions se déplacent au sens direct du maillage, aussi bien que le flux ionique est positif, à exception du flux ionique dans la région anodique, à cause de l'inversion du champ électrique.

III-2-5 Distribution spatiale des densités de courant

Les profils des densités de courant électronique, ionique et total en fonction de la distance inter-électrodes réduite sont montrés à l'état stationnaire sur la figure III-8. Ces comportements des densités de courant sont semblables aux distributions spatiales des flux électronique, ionique et total car la densité du courant représente le flux multiplié par la charge de l'électron. On constate que la densité du courant total est égale à $1.7688 \ 10^{-3}$ mA/cm^2 dans les gaines cathodique, anodique et la région du plasma. Car la répartition des charges positives et négatives sont pratiquement équivalentes dans l'espace inter-électrodes.

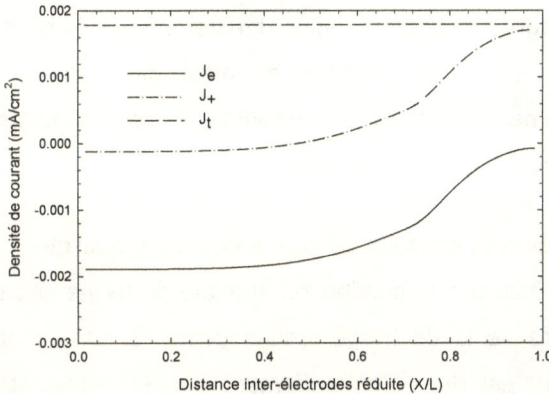

Figure III-8: *Distribution spatiale en 1D des densités de courant*

III-2-6 Distribution spatiale du terme source d'ionisation

La figure III-9 représente la distribution spatiale du terme source d'ionisation S à l'état stationnaire de la décharge. Le terme source dépend exponentiellement de la température électronique mais varie linéairement avec la densité électronique. L'ionisation est caractérisée dans la décharge par deux valeurs crêtes, une dans la région cathodique et l'autre dans la lueur négative. Ces deux valeurs avec leur abscisses sont $S = 1.2738 \cdot 10^{13} \, cm^{-3} s^{-1}$ pour $X/L = 0.7931$ et $S = 4.7615 \cdot 10^{12} \, cm^{-3} s^{-1}$, pour $X/L = 0.6724$.

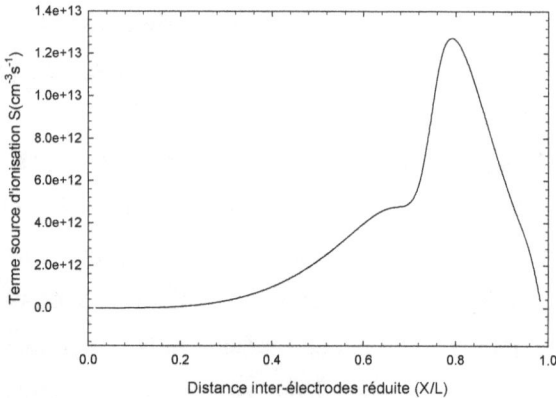

Figure III-9: *Distribution spatiale en 1D du terme source d'ionisation*

La température électronique influe directement sur le terme source dans les gaines cathodique et anodique à cause des valeurs de la densité électronique qui ne sont pas très importantes. Elle est moins importante dans la colonne positive et la région anodique.

III-2-7 Distribution spatiale du terme source d'énergie

La figure III-10 illustre la distribution spatiale du terme source d'énergie à l'état stationnaire de la décharge luminescente. S_ε est constitué par deux termes. Un qui est dû à l'échauffement des électrons et l'autre à leur refroidissement. On remarque sur la figure III-10, une partie positive et une autre négative. La partie positive est due essentiellement au terme $-e\Phi_\varepsilon E$. La distance occupée par la partie négative dans l'espace inter-électrodes est de 0.6207 cm. Celle de la partie positive est de 1 moins 0.6207 c.- à - d. 0.3793 cm. La partie positive est caractérisée par une valeur de crête est

$S_\varepsilon = 1.2980 \cdot 10^{14} \, cm^{-3} s^{-1} eV$ pour $X/L = 0.7241$. La partie négative est due au terme $-H_i S$, à cause du champ électrique qui s'annule dans la colonne positive. L'inversion du champ électrique dans la gaine anodique entraîne la contribution des termes de l'échauffement et celui du refroidissement,

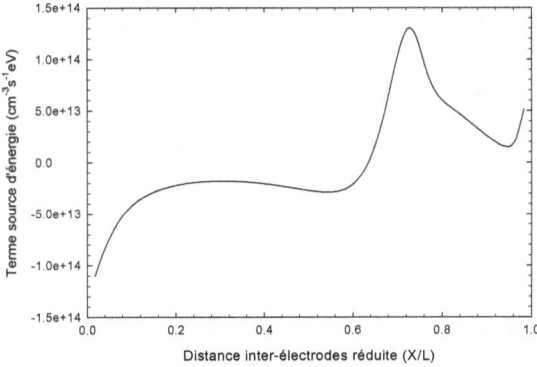

Figure III-10: *Distribution spatiale en 1D du terme source d'énergie*

III-2-8   Distribution spatiale du flux d'énergie

La figure III-11 représente la distribution spatiale du flux d'énergie électronique à l'état stationnaire de la décharge. Φ_ε est négatif dans l'espace inter-électrodes à cause du sens inverse du maillage par rapport au déplacement des électrons.

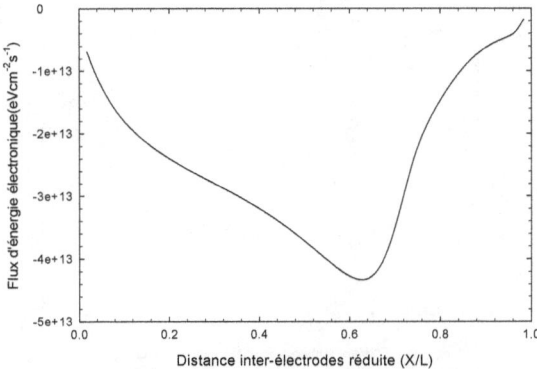

Figure III-11: *Distribution spatiale en 1D du flux d'énergie électronique*

On remarque une chute du flux d'énergie électronique dans la région cathodique avec une valeur crête $\phi_\varepsilon = -4.3330 \cdot 10^{13}\,\text{cm}^{-2}\text{s}^{-1}\text{eV}$ pour $X/L = 0.6207$, un décroissement linéaire dans la colonne positive, et une chute brutale dans la région anodique.

III-3 COMPORTEMENT ELECTRIQUE D'UNE DECHARGE LUMINESCENTE SUBNORMALE EN 1D

D'après Lin et al [56], on peut étudier le comportement physique de la décharge luminescente subnormale à partir de notre modèle 1D, qui a été décrit précédemment dans le paragraphe III-2 (trois moment de l'équation de Boltzmann) en utilisant un coefficient de diffusion électronique constant et spécifique, qui est égal à 10^6 cm^{2}s^{-1}. L'énergie caractéristique des électrons correspondante est égale à 5 eV. Donc, dans ce qui suit, on présente les caractéristiques de la décharge luminescente subnormale [61,62] DC en 1D.

III-3-1 Distribution spatiale des densités électronique et ionique

La figure III-12 présente les distributions spatiales des densités électronique et ionique à l'état stationnaire de la décharge luminescente subnormale. On remarque que les densités dans le régime subnormal sont moins importantes par rapport aux densités dans le régime normal, à cause de l'énergie caractéristique des électrons, qui est plus importante que celle

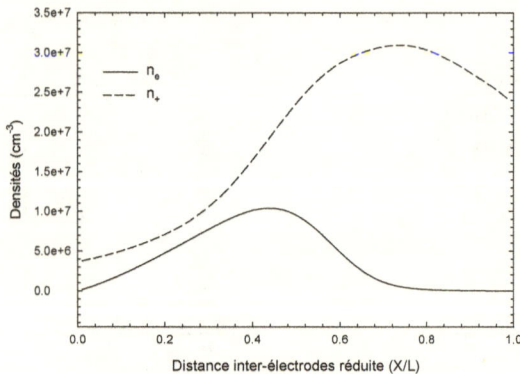

Figure III-12: *Distribution spatiale en 1D des densités électronique et ionique*

du régime normal. L'écart relatif entre la densité électronique et ionique, dans l'espace inter-électrodes est variable et important à cause de la présence que des régions cathodique et la région anodique et l'absence totale de la colonne positive dans l'espace inter-électrodes.

III-3-2 Distribution spatiale du potentiel et du champ électrique

La figure III-13 représente les distributions spatiales du potentiel et du champ électrique à l'état stationnaire de la décharge luminescente subnormale. La valeur du champ électrique au niveau de la cathode est de 88.8933 volt/cm et au niveau de l'anode de -7.5085 volt/cm. On remarque que les deux distributions champ et potentiel, sont variables dans tout l'espace inter-électrodes, à cause de l'absence de la colonne positive dans les profils des densités. En effet, la chute du potentiel et du champ électrique sont visibles dans la région cathodique.

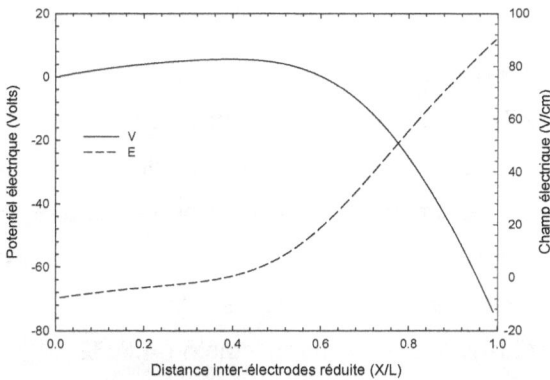

Figure III-13: *Distributions spatiales en 1D du champ et du potentiel électrique*

III-3-3 Distribution spatiale de la température électronique

La figure III-14 illustre la distribution spatiale de la température électronique à l'état stationnaire de la décharge luminescente subnormale. T_e, est caractérisée par la valeur de 0.5 eV au niveau de la cathode qui est due aux conditions aux limités imposées. La température électronique prend une valeur maximale dans la région cathodique, $T_e = 3.2006\,eV$ pour

$X/L = 0.9394$ puis, décroît de manière presque linéaire jusqu'à la valeur de 0.4947 eV au niveau de l'anode. On remarque que la partie linéaire de la température électronique occupe presque tout l'espace inter-électrodes, à cause de l'influence du champ électrique sur les électrons du gaz.

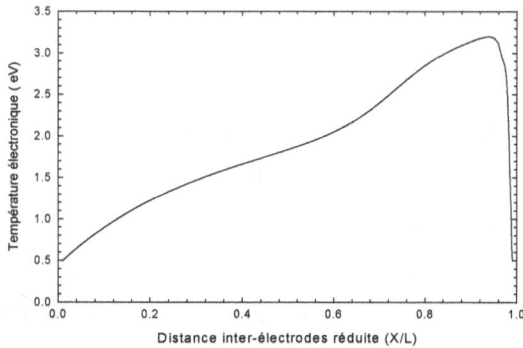

Figure III-14: *Distribution spatiale en 1D de la température électronique*

III-3-4 Distribution spatiale des flux

La figure III-15 représente les distributions spatiales des flux électronique, ionique et total à l'état stationnaire de la décharge luminescente subnormale. Le flux électronique au niveau de la cathode n'est pas nul, à cause de l'émission secondaire due au bombardement de la cathode par les ions positifs du gaz. La valeur de Φ_e est $-1.9799\ 10^{11}\ cm^{-2}s^{-1}$, puis croît progressivement jusqu'à une valeur constante ($-4.5932\ 10^{12}\ cm^{-2}s^{-1}$) dans la région anodique. Le flux ionique au niveau de la cathode est de $4.3040\ 10^{12}$ $cm^{-2}s^{-1}$, puis décroît progressivement jusqu'à la valeur $-9.1220\ 10^{10}\ cm^{-2}s^{-1}$dans la région anodique. On remarque que le flux électronique au niveau de la cathode est quasi égal au flux d'ions au niveau de l'anode. Même chose, pour le flux électronique au niveau de l'anode par rapport au flux d'ion au niveau de la cathode. Ceci est du à la répartition uniforme des charges positives et négatives dans le gaz. Il résulte que le flux total est constant dans tout l'espace inter-électrodes. Sa valeur est de 4.5020 $10^{12}\ cm^{-2}s^{-1}$.

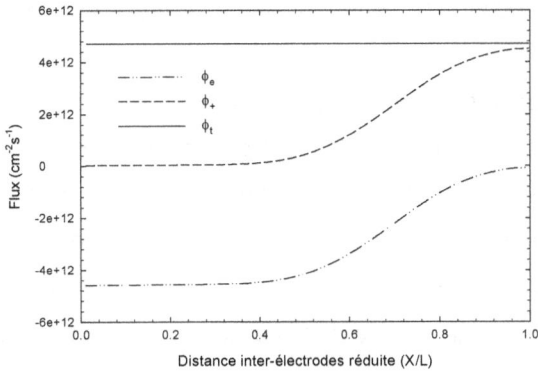

Figure III-15: *Distribution spatiale en 1D des flux*

III-3-5 Distribution spatiale des densités de courant

La figure III-16 montre les distributions spatiales des densités de courant électronique, ionique et total à l'état stationnaire de la décharge luminescente subnormale.

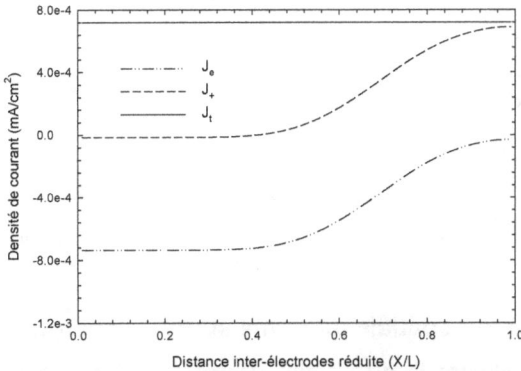

Figure III-16: *Distributions spatiales en 1D des densités de courant*

C'est évident que le comportement des densités de courant est semblable au comportement des flux. La valeur de J_e au niveau de la cathode est de -3.1719 10^{-5} mA/cm^2 et -7.3588 10^{-4} mA/cm^2 au niveau de l'anode. La valeur de J_+ au niveau de la cathode est de 6.8955 10^{-4} mA/cm^2 et -1.4615 10^{-5} mA/cm^2 au niveau de l'anode. Par conséquent, la densité de courant total est constante dans tout l'espace inter-électrodes et de 7.2127 10^{-4} mA/cm^2.

III-3-6 Distribution spatiale du terme source d'ionisation

La figure III-17 montre la distribution spatiale du terme source d'ionisation à l'état stationnaire de la décharge luminescente subnormale. On remarque que la distribution du terme source d'ionisation de la décharge luminescente subnormale est caractérisée par une seule valeur crête $S = 3.5361 \cdot 10^{12} \, \text{cm}^{-3} \text{s}^{-1}$ pour $X/L = 0.7071$, ce qui a pour conséquence, l'absence de la lueur négative dans le cas de cette décharge (luminescente subnormale).

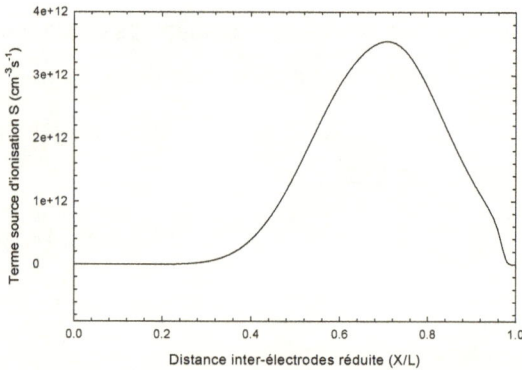

Figure III-17: *Distribution spatiale en 1D du terme source d'ionisation*

III-3-7 Distribution spatiale du terme source d'énergie

La figure III-18 illustre la distribution spatiale du terme source d'énergie à l'état stationnaire de la décharge luminescente subnormale. Comme dans le cas de la décharge luminescente normale, le profil de S_ε est caractérisé par deux parties, une positive et l'autre est négative. La distance réduite occupée par la partie négative est de 0.4444, et celle de la partie positive est de 0.5455. On remarque que la longueur de la partie négative est inférieure à celle du profil de S_ε de la décharge luminescente normale, ceci à cause de l'absence de la colonne positive dans la décharge luminescente subnormale.

De ce fait, la distance de la région cathodique est supérieure à la distance de la région anodique. La partie positive est caractérisée par une valeur de crête $S_\varepsilon = 2.6707 \cdot 10^{13} \, \text{cm}^{-3} \text{s}^{-1} \text{eV}$ pour $X/L = 0.6768$.

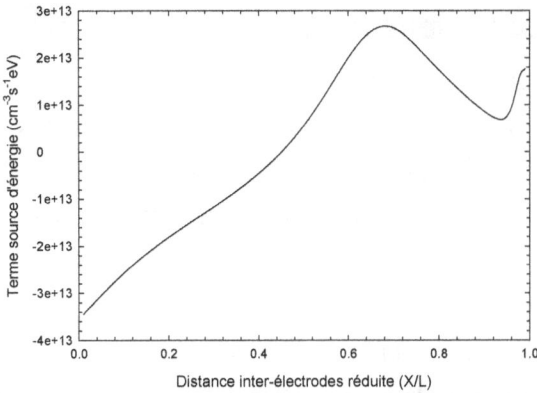

Figure III-18: *Distribution spatiale en 1D du terme source d'énergie*

III-3-8   Distribution spatiale du flux d'énergie

La figure III-19 représente la distribution spatiale du flux d'énergie électronique à l'état stationnaire de la décharge luminescente subnormale. On remarque que le flux d'énergie électronique est quasi identique dans les cas de la décharge normale et subnormale à cause de la variation de l'énergie électronique. Φ_ε est caractérisée par une valeur de crête

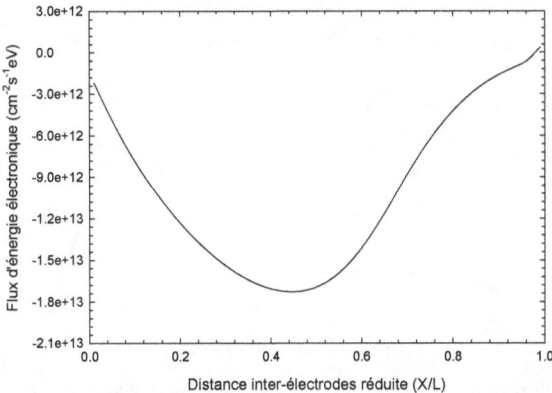

Figure III-19: *Distribution spatiale en 1D du flux d'énergie électronique*

84

$\phi_\varepsilon = -1.7277 \cdot 10^{13} \, \text{cm}^{-2}\text{s}^{-1}\text{eV}$ pour $X/L = 0.4444$. On remarque que l'abscisse de la valeur crête est égale à la distance de la partie négative du terme source d'énergie, dans le cas de la décharge luminescente normale et subnormale.

III-4 TEST DE VALIDITE DU MODELE 1D

a) Décharge luminescente normale

Les profils électrique et thermique de la décharge luminescente dans le cas du régime normal sont illustrés plus haut. Dans un gaz monatomique argon à basse pression entre deux électrodes planes et parallèles considérées comme parfaitement absorbantes et aucune particule n'est émise. La décharge est entretenue par une tension continue. Le modèle utilise dans ce travail est le fluide d'ordre deux. Basé sur les trois moment de l'équation de Boltzmann. Ce sont les équations de continuité, de transfert de la quantité de mouvement et l'équation de l'énergie pour les électrons. Pour rendre compte de la charge d'espace nette il faut donc une équation qui relie les inconnues des trois moments de l'équation de Boltzmann au champ électrique, c'est l'équation de Poisson. A cause du gradient des densités dans les gaines nous avons utilisé un schéma exponentiel de la méthode de différences finies pour la résolution des équations de transport et l'équation de l'énergie.

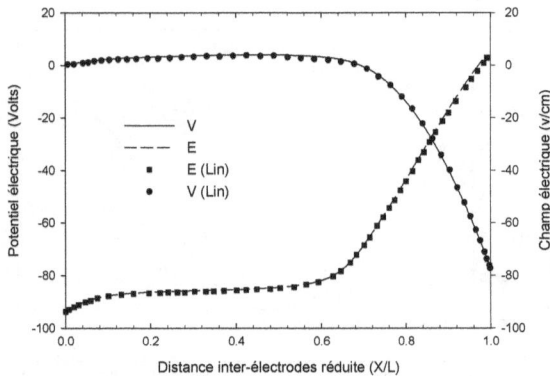

Figure III-20: *Comparaison entre le potentiel et le champ électrique issues du code 1D et celles de Lin et al*

Cette décharge est maintenue par une tension continue -77.4 volts à la cathode et zéro volts à l'anode. La distance inter-électrodes est de 3.525 cm. Le coefficient d'émission secondaire est de 0.046. Cette décharge est établie dans les même conditions de simulation que Lin et al [56]. Par conséquence nous avons effectué une comparaison par nos résultats avec ceux obtenue par Lin et al.

Le tableau III-2 regroupe les procédures de notre modèle 1D et le modèle de Lin et al. Les figures de III-20 à III-23 montrent la comparaison entre nos résultats et les profils donnés par Lin et al. Ceci montre clairement la validité de notre code 1D de la décharge luminescente dans le cas du régime normal.

Notre modèle [61-67]	Modèle de Lin et al [56-58]
✓ Modèle fluide hydrodynamique, autrement dit le pas dans le temps est n'est pas nulle	✓ Ils ont considéré directement l'état stationnaire de la décharge, en négligeant les termes en $\partial/\partial t$ dans les équations de continuité et de l'énergie
✓ Le pas de calcul en position est constant	✓ Le pas de calcul en position est variable
✓ L'inconnu dans l'équation de l'énergie est la densité d'énergie	✓ L'inconnu dans l'équation de l'énergie est la température électronique
✓ La méthode utilisée est la différence finie à flux exponentiel	✓ Les méthodes sont pseudo- spectrale et de Lagrange pour l'interpolation
✓ Ont utilise directement des grandeurs réelle	✓ Ils ont utilisé des valeurs réduites (sans dimension) pour les densités, la température électronique et le potentiel en divisant chaque grandeur sur une valeur de référence

Tableau III-2: *Récapitulatif les différences majeures entre notre modèle et celui de Lin et al*

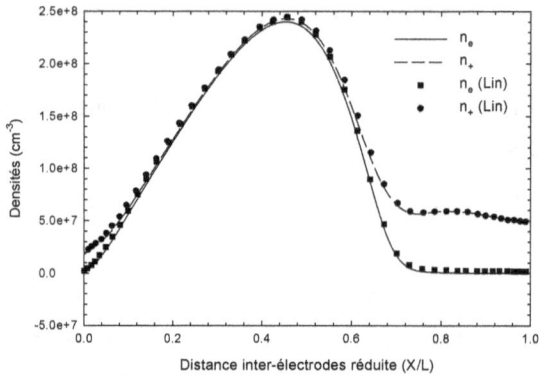

Figure III-21: *Comparaison entre les densités électronique et ionique issue du code 1D et celles de Lin et al*

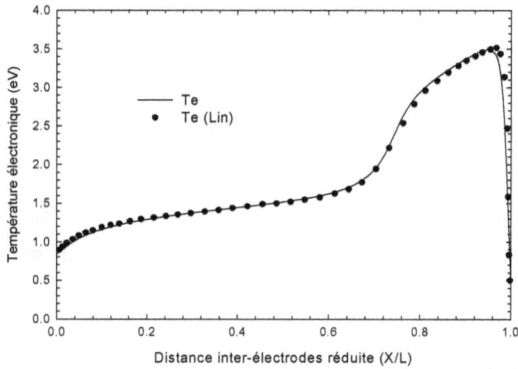

Figure III-22: *Comparaison entre la température électronique issues du code 1D et celles de Lin et al*

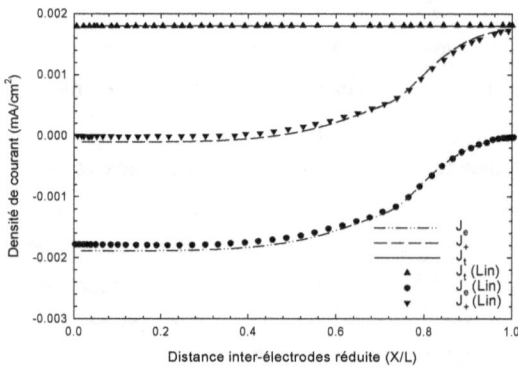

Figure III-23: *Comparaison entre les densités de courant issues du code 1D et celles de Lin et al*

b) Décharge luminescente subnormale

Nous avons validé précédemment notre code 1D de la décharge luminescente dans le cas du régime normal en rendant compte de la relation d'Einstein pour la diffusion électronique. Dans le cas du régime subnormal, nous avons travaillé aussi dans les mêmes conditions de simulation que Lin et al. A cet effet nous avons effectué une comparaison entre nos résultas et ceux obtenues par Lin et al. Les figures III-24 à III-27 montrent clairement la validité de notre code 1D de la décharge luminescente dans le cas du régime subnormal.

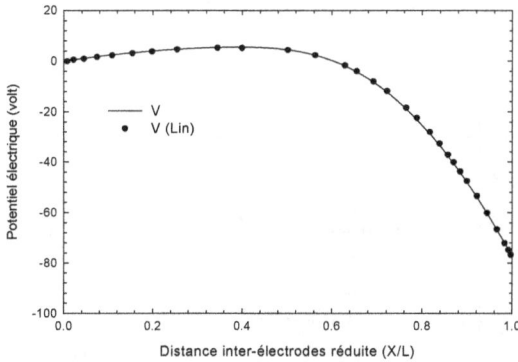

Figure III-24: *Comparaison entre le potentiel électrique issues du code 1D et celles de Lin et al*

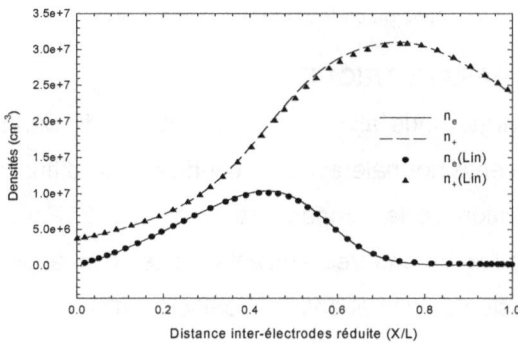

Figure III-25: *Comparaison entre les densités électronique et ionique issues du code 1D et celles de Lin et al*

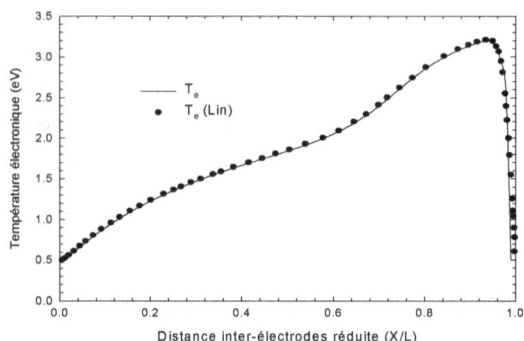

Figure III-26: *Comparaison entre la température électronique issues du code 1D et celles de Lin et al*

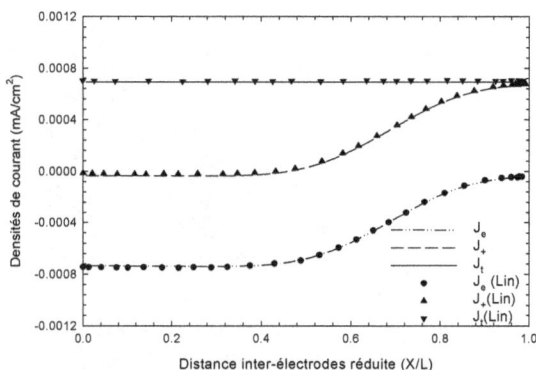

Figure III-27: *Comparaison entre les densités de courant issues du code 1D et celles de Lin et al*

III-5 ETUDE PARAMETRIQUE

Dans cette partie, nous allons effectuer une étude paramétrique de la décharge luminescente normale avec un coefficient de diffusion électronique variable et en fonction de la température électronique. Pour ce faire, nous allons faire varier les paramètres suivants: la tension appliquée entre les électrodes, la pression du gaz et enfin le coefficient d'émission secondaire.

III-5-1 Effet de la pression du gaz

Dans cette section je vais étudier le comportement électrique et thermique à l'état stationnaire de la décharge luminescente dans le cas du régime normal en fonction de la pression du gaz. A cet effet les valeur de la pression du gaz sont : 0.4, 0.7, 0.947 et 1.3 Torr.

La distance inter-électrodes est fixée à 3.525 cm. La tension appliquée à la cathode est de -77.4 volts et à l'anode est de zéro volt. Le coefficient d'émission secondaire à la cathode est de 0.046. La densité du gaz l'argon est calculée à partir de la loi parfaite des gaz.

III-5-1-1 Influence de la pression du gaz sur les distributions spatiales du potentiel et du champ électrique

Le comportement physique du potentiel et du champ électrique en fonction de la pression du gaz est montré à l'état stationnaire sur les figures III-29 et III-30. On observe que le potentiel croit avec l'augmentation de la pression du gaz dans la région cathodique. Car l'augmentation de la pression du gaz entraîne l'augmentation de la densité de la charge d'espace nette. Ce qui entraîne l'augmentation du champ électrique dans cette région.

On constate que le champ électrique atteint 126.36, 116.59, 107.35 et 91.06 volt/cm à la cathode correspond respectivement aux pressions 1.3, 0.947, 0.7 et 0.4 Torr.

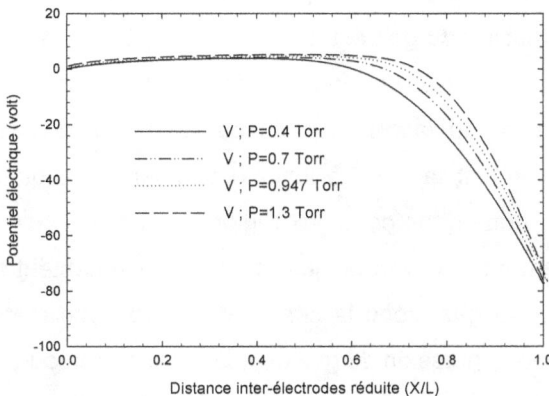

Figure III-29: *Effet de la pression sur la distribution spatiale du potentiel électrique*

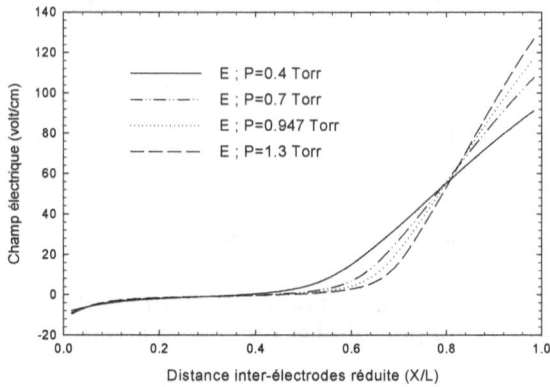

Figure III-30: *Effet de la pression sur la distribution spatiale du champ électrique*

Dans la région du plasma et la gaine anodique on observe que le potentiel ne varie pas avec la pression du gaz due à la charge d'espace nette qui reste négligeable. De ce fait, le champ électrique ne change pas dans ces deux régions.

III-5-1-2 Influence de la pression du gaz sur les distributions spatiales des densités électronique et ionique

Le comportement physique des densités électronique et ionique en fonction de la pression du gaz est montré à l'état stationnaire sur les figures III-31 et III-32. On constate que les densités électroniques ne changent pas avec l'augmentation de la pression du gaz dans les gaines anodique et cathodique. Cependant la densité ionique augmente, ce qui augmente la charge d'espace nette dans ces deux régions. Dans la région du plasma on observe que les densités électronique et ionique augmentent simultanément avec la pression du gaz, donc la charge d'espace nette reste négligeable. L'augmentation de la pression du gaz diminue le libre parcours moyen ce qui augmente le processus d'ionisation. Ce dernier a pour conséquence l'augmentation des densités des particules chargées. En conclusion, la largeur de la région du plasma croît avec la pression du gaz, ce qui emmène à la contraction des gaines anodique et cathodique. Les densités

91

électroniques maximales avec leur abscisse sont 0.740244 10^8 cm^{-3} pour $X/L = 0.3793$, 1.65725 10^8 cm^{-3} pour $X/L = 0.4310$, 2.39848 10^8 cm^{-3} pour $X/L = 0.4483$ et 3.38341 10^8 cm^{-3} pour $X/L = 0.4828$ corresponds respectivement aux pressions 0.4 Torr, 0.7 Torr, 0.947 et 1.3 Torr.

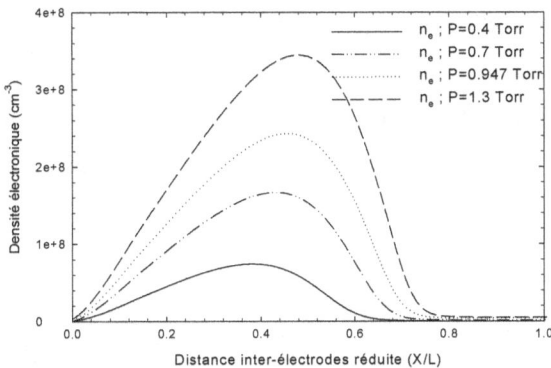

Figure III-31: *Effet de la pression sur la distribution spatiale de la densité électronique*

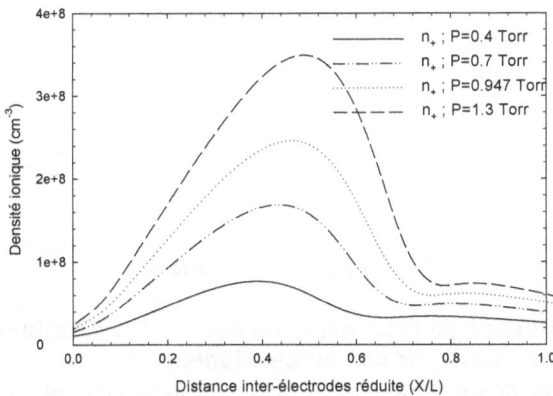

Figure III-32: *Effet de la pression sur la distribution spatiale de a densité ionique*

III-5-1-3 Influence de la pression du gaz sur les distributions spatiales de la température des électrons

Le comportement physique de la température électronique en fonction de la pression du gaz est montré à l'état stationnaire sur la figure III-33. Les températures électroniques maximales avec leur abscisse sont 3.6736 eV pour $X/L = 0.9310$, 3.5614 eV pour $X/L = 0.9483$, 3.4981 eV pour $X/L = 0.9483$ et 3.4233 eV pour $X/L = 0.9483$ qui corresponds respectivement aux pressions 0.4, 0.7, 0.947 et 1.3 Torr. On observe que la variation de l'abscisse est presque négligeable et la température électronique diminue avec l'augmentation de la pression du gaz dans les trois régions c'est-à-dire les gaines anodique, cathodique et la région du plasma. Puisque l'augmentation de la pression du gaz augmente la densité du gaz, par conséquence le processus d'ionisation va augmenter aussi, ce qui entraîne l'augmentation du processus de refroidissement des électrons. Ceci se traduit par l'abaissement de la température électronique.

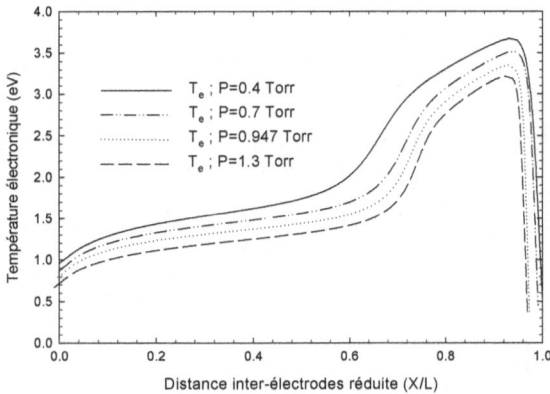

Figure III-33: *Effet de la pression sur la distribution spatiale de la température électronique*

III-5-1-4 Influence de la pression du gaz sur les distributions spatiales du terme source d'ionisation

La distribution spatiale du terme source d'ionisation en fonction de la pression du gaz est représentée sur la figure III-34. S augmente avec l'accroissement de la pression du gaz, due à l'augmentation de plusieurs facteurs. Il s'agit de la densité du gaz, la densité électronique et l'augmentation exponentiellement de la température électronique. Le tableau III-3 résume les caractéristiques de l'effet de la pression du gaz sur le comportement du terme source d'ionisation.

Pression P (Torr)	1er valeur de crête $(cm^{-3}s^{-1})$	2ème valeur de crête $(cm^{-3}s^{-1})$	Abscisse 1er valeur de crête	Abscisse 2ème valeur de crête
0.4	$4.5309\ 10^{12}$	$2.1608\ 10^{12}$	0.7241	0.6034
0.7	$8.9822\ 10^{12}$	$3.5874\ 10^{12}$	0.7759	0.6552
0.947	$1.2738\ 10^{13}$	$4.7615\ 10^{12}$	0.7931	0.6724
1.3	$1.7924\ 10^{13}$	$6.4540\ 10^{12}$	0.8103	0.6897

Tableau III-3 : *Caractéristique de l'effet de la pression du gaz sur le terme source d'ionisation*

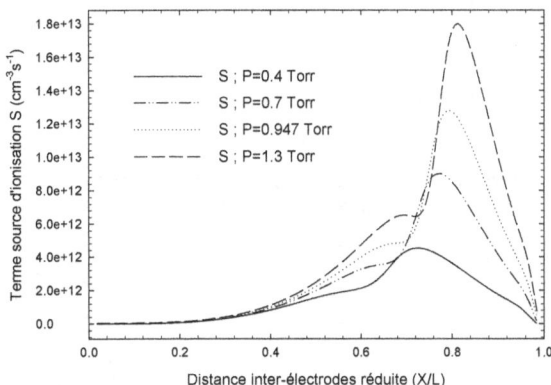

Figure III-34: *Effet de la pression sur la distribution spatiale du terme source d'ionisation*

III-5-1-5 Influence de la pression du gaz sur les distributions spatiales du flux électronique et le flux d'énergie

L'augmentation de la densité électronique et du champ électrique avec la pression du gaz, entraîne l'augmentation du flux électronique (Fig. III-35). Ces augmentations sont plus importantes au niveau de la région anodique. L'accroissement est légèrement plus faible dans la région cathodique à cause du dépeuplement par les électrons.

Les valeurs du flux électronique dans la région anodique sont -5.4013 10^{12}, -9.0766 10^{12} , -1.1804 10^{13} et -1.5273 10^{13} $cm^{-2}s^{-1}$. Ils correspondent respectivement. aux pressions 0.4, 0.7, 0.947 et 1.3 Torr De même, le flux d'énergie augmente également avec la pression (Fig. III-36). Ces valeurs crêtes sont -1.9551 10^{13} $cm^{-2}s^{-1}eV$ pour $X/L = 0.5172$; -3.3329 10^{13} $cm^{-2}s^{-1}eV$ pour $X/L = 0.5862$; -4.3330 10^{13} $cm^{-2}s^{-1}eV$ pour $X/L = 0.6207$ et -5.5832 10^{13}

cm^{-2}s^{-1}eV pour $X/L = 0.6552$, qui correspondent aux pression 0.4, 0.7, 0.947 et 1.3 Torr .

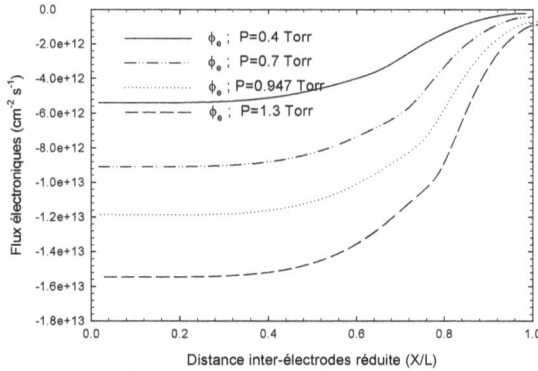

Figure III-35: *Effet de la pression sur la distribution spatiale du flux électronique*

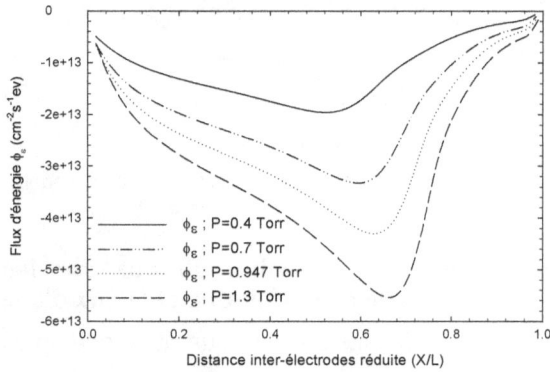

Figure III-36: *Effet de la pression sur la distribution spatiale du flux d'énergie*

III-5-1-6 Influence de la pression du gaz sur les distributions spatiales du terme source d'énergie

La figure III-37 représente l'effet de la pression du gaz sur le terme source d'énergie. On remarque que S_ε augmente avec l'augmentation de la pression dans les parties positives et négatives de la distribution. Ceci est du à l'accroissement du champ électrique, du flux électronique et du terme source d'ionisation (voir figures III-30, III-34 et III-35). Le tableau III-4, résume les caractéristiques de l'effet de la pression du gaz sur le terme source d'énergie. On remarque que la distance occupée par la partie négative du terme source S_ε est égale à l'abscisse de la valeur crête du flux d'énergie pour toutes valeurs de la pression du gaz.

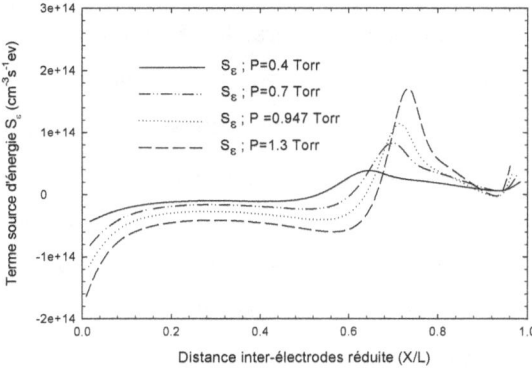

Figure III-37: *Effet de la pression sur la distribution spatiale du terme source d'énergie*

Pression P (Torr)	Valeur de crête (cm^{-3}s^{-1}eV)	Abscisse de la valeur de crête	Distance de la partie négative (S_ε)
0.4	3.8136 10^{13}	0.6379	0.5172
0.7	8.6512 10^{13}	0.7069	0.5862
0.947	1.2980 10^{14}	0.7241	0.6207
1.3	1.8945 10^{14}	0.7586	0.6552

Tableau III-4 : *Effets de la pression du gaz sur le terme source d'énergie*

III-5-2   Effet du coefficient d'émission secondaire

Dans cette section je vais étudier le comportement électrique et thermique à l'état stationnaire de la décharge en fonction   du coefficient d'émission secondaire γ, dû au bombardement de la cathode par les ions du gaz Argon. Les valeurs de γ sont choisies comme suit : 0.040, 0.046, 0.050 et 0.055. La distance inter-électrodes est toujours fixée à 3.525 cm et nous avons gardé les mêmes paramètres de la tension appliquée aux électrodes et la densité du gaz que ceux Lin et al.

III-5-2-1 Influence du coefficient d'émission secondaire sur les distributions spatiales du potentiel et du champ électrique

Le comportement physique du potentiel et du champ électrique en fonction du coefficient d'émission secondaire électronique à la cathode est montré à l'état stationnaire sur les figures III-38 et III-39.

On observe que le potentiel devient de plus en plus important dans la gaine cathodique avec un coefficient d'émission secondaire important à cause de l'augmentation du taux des électrons émis par la cathode. Par conséquence, le champ électrique croît avec γ. Les valeurs du champ électrique au niveau de la cathode sont: 92.2524, 116.5950, 131.7290 et 149.4880 volt/cm. Ils correspondent respectivement aux valeurs suivantes de γ 0.040, 0.046, 0.050 et 0.055.

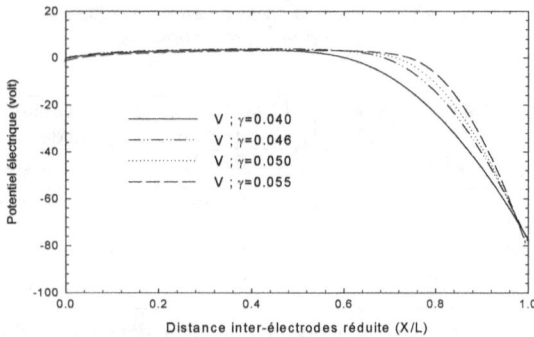

Figure III-38: *Effet du coefficient d'émission secondaire sur la distribution spatiale du potentiel électrique*

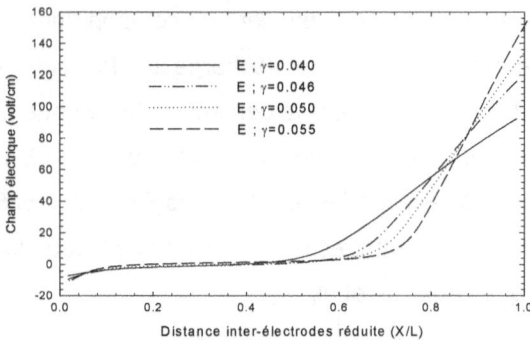

Figure III-39: *Effet du coefficient d'émission secondaire sur la distribution spatiale du champ électrique*

Dans la région du plasma et la gaine anodique le potentiel ne varie pas avec l'augmentation du coefficient d'émission secondaire, due à la charge d'espace nette qui reste négligeable. En effet le champ électrique ne change pas dans ces deux régions.

III-5-2-2 Influence du coefficient d'émission secondaire sur les distributions spatiales des densités électronique et ionique

Le comportement physique des densités électronique et ionique en fonction du coefficient d'émission secondaire est montré à l'état stationnaire sur les figures III-40 et III-41.

On observe que les densités des particules chargées (les électrons et les ions) augmentent avec l'augmentation de γ, due essentiellement à l'augmentation du processus d'ionisation. On constate que la charge d'espace nette devient très importante dans la gaine cathodique avec un coefficient d'émission secondaire significatif et moins important dans la gaine anodique. Dans la région du plasma la charge d'espace nette reste toujours négligeable. Par conséquence, la largeur du volume de plasma croît avec l'augmentation de γ, ce qui entraîne l'extension de la largeur des gaines cathodique et anodique simultanément.

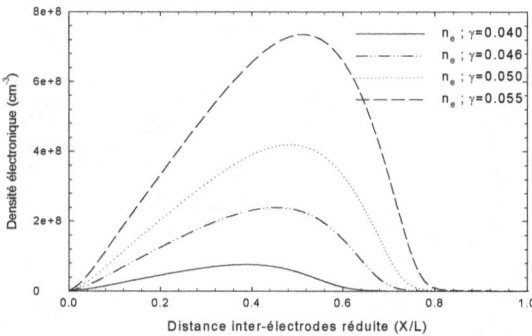

Figure III-40: *Effet du coefficient d'émission secondaire sur la distribution spatiale de la densité électronique*

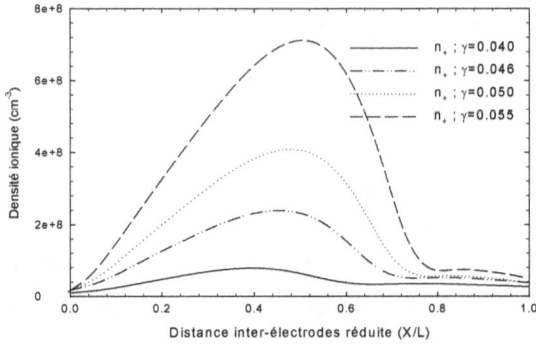

Figure III-41: *Effet du coefficient d'émission secondaire sur la distribution spatiale de la densité ionique*

On constate que les densités électroniques maximales sont: $7.59309.10^7$ cm^{-3} pour $X/L = 0.3793$; $2.39848 \ 10^8$ cm^{-3} pour $X/L = 0.4483$; $4.18355 \ 10^8$ cm^{-3} pour $X/L = 0.4828$ et $7.32365 \ 10^8$ cm^{-3} pour $X/L = 0.5172$. Ils correspondent respectivement aux valeurs de γ: 0.040, 0.046, 0.050 et 0.055

III-5-2-3 Influence du coefficient d'émission secondaire sur la distribution spatiale de la température électronique

Le comportement physique de la température électronique en fonction du coefficient d'émission secondaire est illustré à l'état stationnaire sur la figure III-42.

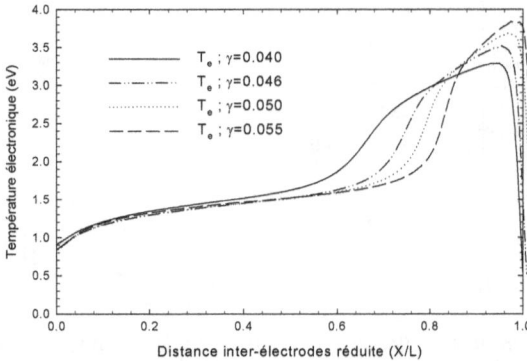

Figure III-42: *Effet du coefficient d'émission secondaire sur la distribution spatiale de la température électronique*

On observe que la température électronique augmente dans la gaine cathodique avec l'augmentation du coefficient d'émission secondaire et diminue dans la région du plasma et la gaine cathodique. Ceci est expliqué par le fait que l'augmentation du coefficient d'émission secondaire induit l'augmentation du processus de l'échauffement dû essentiellement au champ électrique et le flux électronique dans la gaine cathodique.

Le processus de refroidissement est le plus important dans la région du plasma et la gaine anodique à cause essentiellement du taux d'ionisation. On constate que les valeurs maximales de la température électronique sont: 3.2896 eV pour $X/L = 0.9483$; 3.4981 eV pour $X/L = 0.9483$; 3.6087 eV pour $X/L = 0.9483$; 3.7245 eV pour $X/L = 0.9483$. Ils correspondent respectivement aux valeurs de γ suivantes: 0.040, 0.046, 0.050 et 0.055. On remarque que l'abscisse des valeurs maximales de la température électronique restent constantes, car l'augmentation de T_e n'est effective que dans la gaine cathodique.

III-5-2-4 Influence du coefficient d'émission secondaire sur la distribution spatiale du terme source d'ionisation

L'effet du coefficient d'émission secondaire sur la distribution spatiale du terme source d'ionisation à l'état stationnaire est représenté sur la figure III-43.

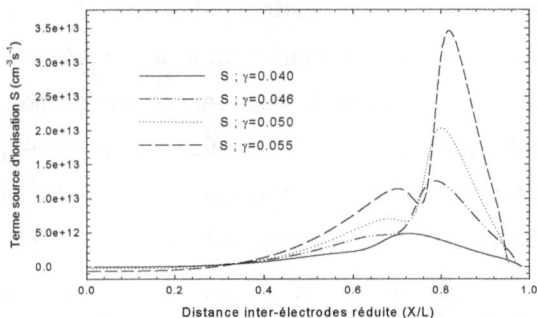

Figure III-43: *Effet du coefficient d'émission secondaire sur la distribution spatiale du terme source d'ionisation*

On remarque que le terme source d'ionisation augmente avec l'augmentation du coefficient d'émission secondaire, ceci est évident, car S est proportionnel avec la densité électronique et la température électronique. Les caractéristiques de l'effet de γ sur le terme source d'ionisation sont consignées dans le tableau III-5.

γ	1er valeur de crête (cm^{-3}s^{-1})	2ème valeur de crête (cm^{-3}s^{-1})	Abscisse 1er valeur de crête	Abscisse 2ème valeur de crête
0.040	4.8668 10^{12}	2.2574 10^{12}	0.7241	0.6034
0.046	1.2738 10^{13}	4.7615 10^{12}	0.7931	0.6724
0.050	2.0995 10^{13}	7.4619 10^{12}	0.8276	0.6897
0.055	3.5946 10^{13}	1.2289 10^{13}	0.8448	0.7241

Tableau III-5 : *Effets du coefficient d'émission secondaire sur le terme source d'ionisation*

III-5-2-5 Influence du coefficient d'émission secondaire sur les distributions spatiales des flux électronique et d'énergie

Les figures III-44 et III-45 représentent l'évolution des distributions du flux électronique et du flux d'énergie par rapport aux coefficients d'émission secondaire, à l'état stationnaire de la décharge.

L'augmentation du champ électrique et de la densité électronique en fonction de γ entraîne l'augmentation du flux électronique d'après l'équation III-2. Les valeurs du flux dans la région anodique sont: -5.5718 10^{12} cm^{-2}s^{-1} , -1.1804 10^{13} cm^{-2}s^{-1} ,-1.7574 10^{13} cm^{-2}s^{-1} et -2.6699 10^{13} cm^{-2}s^{-1} qui correspondent aux valeurs de γ: 0.040, 0.046, 0.050 et 0.055. L'équation III-8, montre clairement que l'augmentation de la température électronique, du champ électrique et de la densité électronique en fonction du coefficient d'émission secondaire, entraîne l'augmentation du flux d'énergie.

Les valeurs crêtes du flux d'énergie sont: -1.7880 10^{13} cm^{-2}s^{-1}eV pour $X/L = 0.5345$; -4.3330 10^{13} cm^{-2}s^{-1}eV pour $X/L = 0.6207$; -6.8991 10^{13} cm^{-2}s^{-1}eV pour $X/L = 0.6724$; -1.1224 10^{14} cm^{-2}s^{-1}eV pour $X/L = 0.7069$ en fonction de γ : 0.040, 0.046, 0.050 et 0.055.

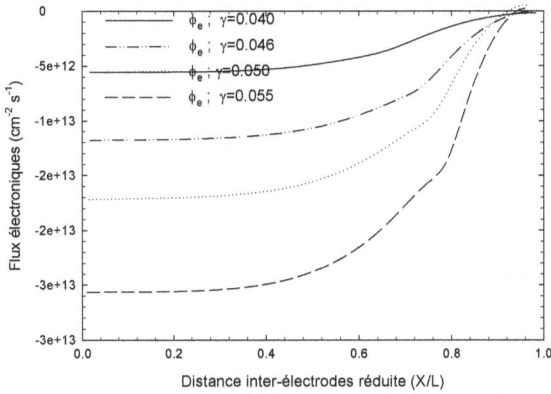

Figure III-44: *Effet du coefficient d'émission secondaire sur la distribution spatiale du flux électronique*

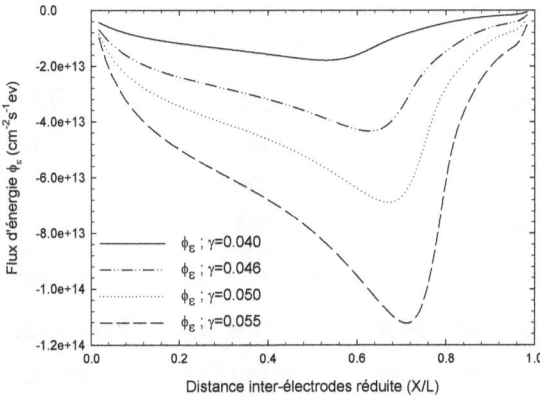

Figure III-45: *Effet du coefficient d'émission secondaire sur la distribution spatiale du flux d'énergie*

III-5-2-6 Influence du coefficient d'émission secondaire sur la distribution spatiale du terme source d'énergie

L'influence du coefficient d'émission secondaire sur la distribution spatiale du terme source d'énergie à l'état stationnaire est représentée sur figure III-46. L'augmentation du terme source d'ionisation, du champ électrique et du flux électronique en fonction du coefficient d'émission secondaire entraîne l'augmentation du terme source d'énergie dans les partie positive et négative.

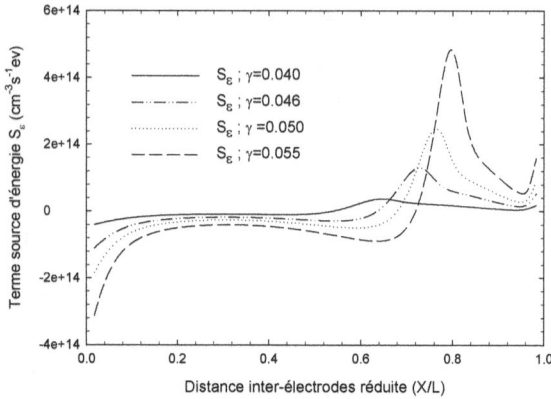

Figure III-46: *Effet du coefficient d'émission secondaire sur la distribution spatiale du terme source d'énergie*

γ	Valeur de Crête (cm^{-3}s^{-1}eV)	Abscisse la valeur de Crête	Distance de la partie négative (S$_\varepsilon$)
0.040	3.6887 10^{13}	0.6552	0.5345
0.046	1.2980 10^{14}	0.7241	0.6207
0.050	2.4539 10^{14}	0.7586	0.6724
0.055	4.8168 10^{14}	0.7931	0.7069

Tableau III-6 : *Effets du coefficient d'émission secondaire sur le terme source d'énergie*

Les caractéristiques de l'effet de γ sur le comportement du terme source d'énergie sont consignées dans le tableau III-6. Toujours dans le soucis de comparaison, on trouve la distance occupée par la partie négative du terme source d'énergie est égale à l'abscisse de la valeur crête du flux d'énergie, quelque soit la valeur de γ

III-5-3 Effet de la tension appliquée

Dans cette section, je vais analyser le comportement électrique et thermique à l'état stationnaire de la décharge luminescente en fonction de la tension appliquée aux bornes des électrodes. A cet effet les tensions appliquées sont: -75 volt, -77.4 volt, -79 volt et 81 volt. La distance inter-électrodes est fixée à 3.525 cm, la densité du gaz est de 2.83 10^{16} cm^{-3} et le coefficient d'émission secondaire γ est égal à 0.046.

III-5-3-1 Influence de la tension appliquée sur les distributions spatiales du potentiel et du champ électrique

Le comportement physique du potentiel et du champ électrique en fonction de la tension appliquée est illustré à l'état stationnaire sur les figures III-47 et III-48. On observe que le potentiel électrique croît avec l'augmentation de la tension appliquée dans la gaine cathodique et le potentiel prend la valeur de la tension appliquée à la cathode, à cause essentiellement de l'augmentation de la charge d'espace nette, ce qui induit une l'augmentation du champ électrique. Dans la région du plasma et la gaine anodique le potentiel ne change pas à cause de la charge d'espace nette qui reste négligeable, ce qui conduit à un champ électrique invariable.

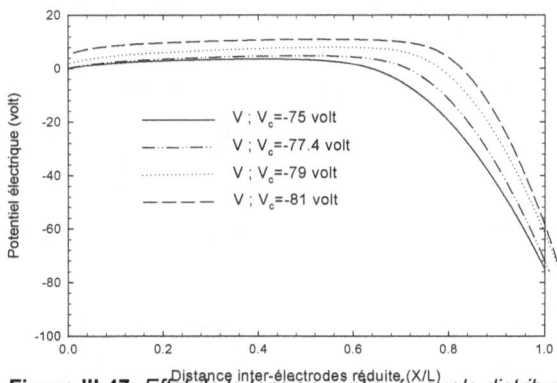

Figure III-47: *Effet de la tension appliquée sur la distribution spatiale du potentiel électrique*

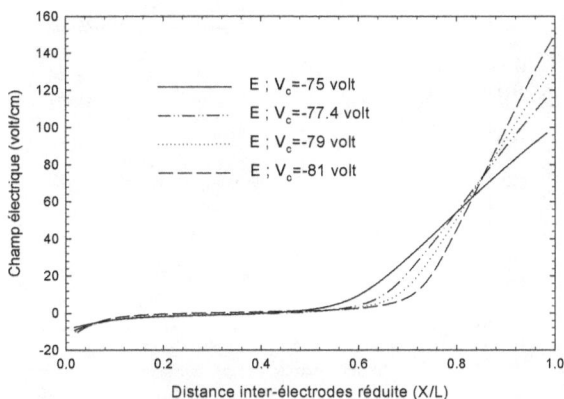

Figure III-48: *Effet de la tension appliquée sur la distribution spatiale du champ électrique*

III-5-3-2 Influence de la tension appliquée sur les distributions spatiales des densités électronique et ionique

Le comportement physique des densités électronique et ionique en fonction de la tension appliquée est montré à l'état stationnaire sur les figures III-49 et III-50.

On observe que les densités électroniques reste presque inchangeables dans les gaines anodique et cathodique avec l'augmentation de la tension appliquée. Cependant, les densités ioniques croient dans ces deux régions, ceci entraîne l'augmentation de la charge d'espace nette. Cela ce traduit par l'augmentation du processus d'ionisation. On constate que les densités électronique et ionique augmentent simultanément avec l'augmentation de la tension appliquée dans la région du plasma, ce qui amène à une charge d'espace nette négligeable pour chaque tension appliquée.

On note que la largeur de la région du plasma s'élargit avec l'augmentation de la tension appliquée, ce qui entraîne une contraction des gaines anodique et cathodique. Les valeurs maximales des densités électroniques sont : $1.07289 \ 10^8 \ cm^{-3}$ pour $X/L = 0.4138$; $2.39848 \ 10^8 \ cm^{-3}$ pour $X/L = 0.4483$; $3.77693 \ 10^8 \ cm^{-3}$ pour $X/L = 0.4828$; $6.2547 \ 10^8 \ cm^{-3}$ pour $X/L = 0.5000$. Ils correspondent respectivement aux valeurs de la tension appliquée -75 volt, -77.4 volt, -79 volt et -81volt.

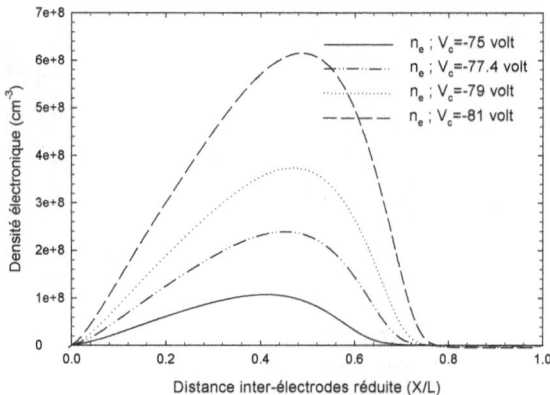

Figure III-49: *Effet de la tension appliquée sur la distribution spatiale de la densité électronique*

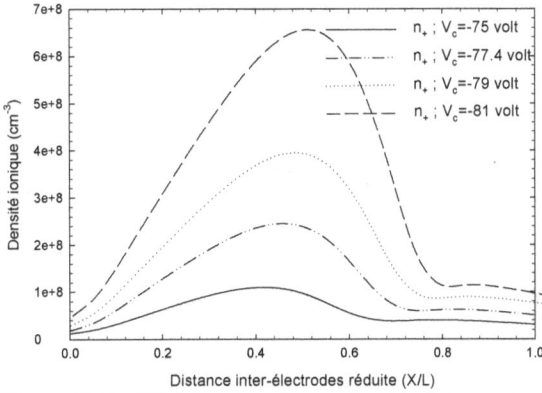

Figure III-50: *Effet de la tension appliquée sur la distribution spatiale de la densité ionique*

III-5-3-3 Influence de la tension appliquée sur la distribution spatiale de la température électronique

Le comportement physique de la température électronique en fonction de la tension appliquée est illustré à l'état stationnaire sur la figure III-51.

On observe que la température électronique croît dans la gaine cathodique avec l'augmentation de la tension appliquée. Car l'augmentation de la tension appliquée augmente l'effet de l'échauffement qui est généré essentiellement par le champ électrique avec le flux électronique.

Les températures maximales sont: 3.3302 eV pour $X/L = 0.9483$; 3.4981 eV pour $X/L = 0.9483$; 3.6010 eV pour $X/L = 0.9483$ et 3.7215 eV pour $X/L = 0.9483$ Ils correspondent respectivement aux valeurs de la tension appliquée -75 volt, -77.4 volt, -79 volt et 81 volt. L'abscisse des valeurs maximales de la température électronique est de 0.9483, quelle que soit la variation, de la pression du gaz, du coefficient d'émission secondaire où de la tension appliquée.

Cette abscisse est constante, à cause de la variation de la température électronique (uniquement dans la gaine cathodique). Dans la région du plasma et la gaine anodique, on observe une réduction minimale de la température électronique avec l'augmentation de la tension appliquée. Ceci est expliqué par le fait que le processus de refroidissement est plus important que le processus d'échauffement.

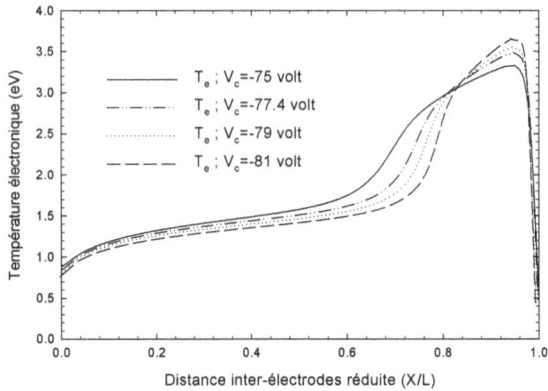

Figure III-51: *Effet de la tension appliquée sur la distribution spatiale de la température électronique*

III-5-3-4 Influence de la tension appliquée sur la distribution spatiale du terme source d'ionisation

L'effet de la tension appliquée sur la distribution spatiale du terme source d'ionisation à l'état stationnaire est représenté sur la figure III-52. On observe une augmentation du terme source d'ionisation avec l'accroissement de la tension appliquée qui est due à l'augmentation de la densité électronique et la température électronique. Les caractéristiques de l'effet de la tension appliquée sur le terme source d'ionisation sont consignées dans le tableau III-7.

Tension appliquée V_c (volt)	1er valeur de Crête $(cm^{-3}s^{-1})$	2ème valeur de crête $(cm^{-3}s^{-1})$	Abscisse 1er valeur de crête	Abscisse 2ème valeur de crête
-75	$6.2933 \ 10^{12}$	$2.7813 \ 10^{12}$	0.7586	0.6379
-77.4	$1.2738 \ 10^{13}$	$4.7615 \ 10^{12}$	0.7931	0.6724
-79	$1.9333 \ 10^{13}$	$6.9040 \ 10^{12}$	0.8103	0.6897
-81	$3.0905 \ 10^{13}$	$1.0729 \ 10^{13}$	0.8276	0.7069

Tableau III-7 : *Caractéristique de l'effet de la tension appliquée sur le terme source d'ionisation*

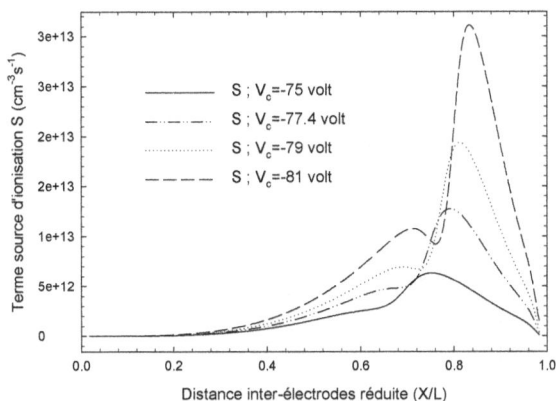

Figure III-52: *Effet de la tension appliquée sur la distribution spatiale du terme source d'ionisation*

III-5-3-5 Influence de la tension appliquée sur les distributions spatiales des flux électronique et d'énergie

L'influence de la tension appliquée sur les distributions spatiales du flux électronique et du flux d'énergie est représentée dans les figure III-53 et III-54. On remarque sur la figure III-53 que le flux électronique augmente avec l'augmentation de la tension qui est dû à l'accroissement de la densité électronique et le champ électrique.

Les valeurs du flux électronique dans la région anodique sont: -6.8206 10^{12} cm^{-2}s^{-1}, -1.1804 10^{13} cm^{-2}s^{-1}, -1.6379 10^{13} cm^{-2}s^{-1} et -2.3818 10^{13} cm^{-2}s^{-1} correspondant respectivement aux tensions appliquées -75 volt, -77.4 volt, -79 volt et -81 volt. On observe sur la figure III-54 une augmentation du flux d'énergie avec l'accroissement de la tension cathodique, à cause de l'augmentation de la température électronique, la densité électronique et le champ électrique (voir figures III-51, III-49 et III-48).

Les valeurs crêtes du flux d'énergie sont: -2.2823 10^{13} cm^{-2}s^{-1}eV pour $X/L = 0.5690$;-4.3330 10^{13} cm^{-2}s^{-1}eV pour $X/L = 0.6207$;-6.3332 10^{13} cm^{-2}s^{-1}eV pour $X/L = 0.6552$ et -9.7501 10^{13} cm^{-2}s^{-1}eV pour $X/L = 0.6897$, correspondant respectivement aux tensions cathodiques suivantes -75 volt, -77.4 volt, -79 volt et -81volt.

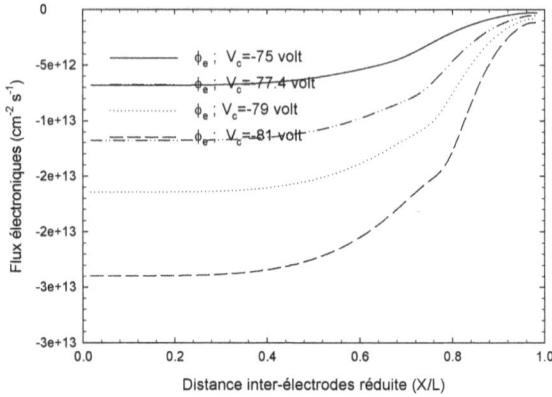

Figure III-53: *Effet de la tension appliquée sur la distribution spatiale du flux électronique*

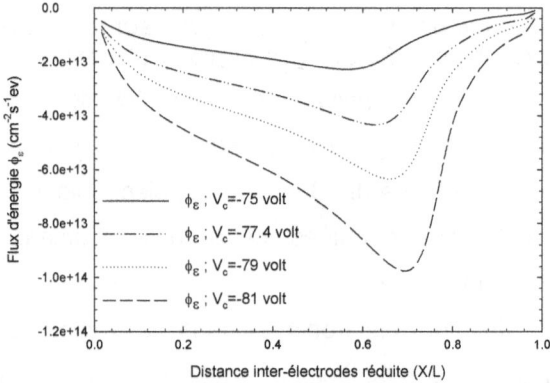

Figure III-54: *Effet de la tension appliquée sur la distribution spatiale du flux d'énergie*

III-5-3-6   Influence de la tension appliquée sur la distribution spatiale du terme source d'énergie

La figure III-55 illustre l'effet de la tension appliquée sur le comportement du terme source d'énergie. On observe une augmentation du terme source d'énergie que ce soit dans la partie positive ou négative, avec l'accroissement de la tension cathodique, due à l'augmentation du terme source d'ionisation, du champ électrique et le flux électronique (voir figure III-48, III-52 et III-53). Les caractéristiques de l'effet de la tension appliquée sur le terme source d'énergie sont consignées dans le tableau III-8. Toujours l'abscisse de la

109

valeur crête du flux d'énergie est égale à l'abscisse du partie négative du terme source d'énergie quelque soit la tension appliquée.

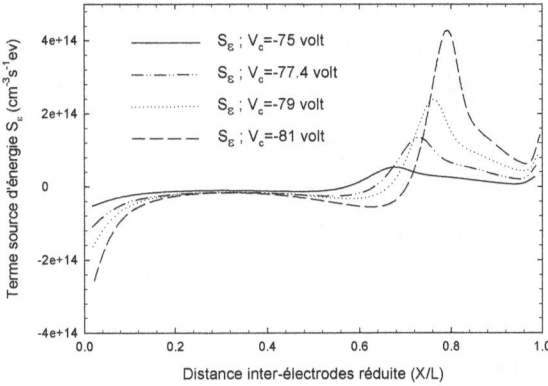

Figure III-55: *Effet de la tension appliquée sur la distribution spatiale du terme source d'énergie*

Tension appliquée $_c$(volt)	Valeur de crête $(cm^{-3}s^{-1}eV)$	Abscisse de la valeur crête	Distance de la partie négative (S_ε)
-75	$5.2560 \ 10^{13}$	0.6724	0.5690
-77.4	$1.2980 \ 10^{14}$	0.7241	0.6207
-79	$2.2023 \ 10^{14}$	0.7586	0.6552
-81	$3.9705 \ 10^{14}$	0.7759	0.6897

Tableau III-8 : *Effet de la tension appliquée sur le terme source d'énergie*

III-6 CONCLUSION

Dans ce chapitre :

- Nous avons étudié le comportement électrique et thermique de la décharge luminescente en géométrie monodimensionnelle dans le cas du régime normal et subnormal. Cette décharge dans notre modèle physique est basé sur les trois moments de l'équation de Boltzmann fortement couplés avec l'équation de Poisson et la relation d'Einstein pour le coefficient diffusion électronique.. Le maintien de cette décharge est dû à l'émission secondaire due aux bombardements de la cathode par les ions du gaz. Nos résultats sont en très bon accord avec ceux de la littérature.

- Une étude du comportement électrique et thermique de la décharge luminescente en fonction de la pression du gaz, le coefficient d'émission secondaire et de la tension appliquée est présenté dans le cas du régime normal. On peut déduire de cette étude les conséquences suivantes: Avec l'augmentation de la tension, la pression où le coefficient d'émission secondaire:

✓ Les densités électronique et ionique augmentent et la colonne positive s'élargit entraînant la contraction des gaines cathodique et anodique.

✓ Le potentiel cathodique est égal au potentiel appliqué à la cathode dans le cas de l'augmentation de la tension.

✓ Le champ électrique et la température électronique augmentent dans la région cathodique et restent quasi constants dans les deux autres régions de la décharge, sauf dans le cas, de l'augmentation de la pression où la température électronique diminue.

Dans le prochain chapitre, nous allons développer ce type de décharge luminescente dans une géométrie cartésienne et bidimensionnelle.

CHAPITRE IV

CARACTERISTIQUES ELECTRIQUES EN 2D D'UNE DECHARGE LUMINESCENTE EN REGIME CONTINU

IV-1 INTRODUCTION

Dans ce chapitre nous allons présenter l'étude de la décharge luminescente DC entretenue par émission secondaire à la cathode dans une configuration cartésienne bidimensionnelle. Cette configuration nous permet de prendre en compte l'expansion transversale de la décharge. On peut déduire de ces distributions le courant de la décharge et la puissance dissipée dans le réacteur à plasma, voir la Figure (II-5). Le rayon de la décharge est égal à 5.08 cm. Le test de validité est réalisé en effectuant une comparaison avec des travaux de Lin et Adomaitis.

IV-2 COMPORTEMENT ELECTRIQUE D'UNE DECHARGE LUMINESCENTE EN 2D

Dans ce paragraphe nous allons présenter le comportement électrique et énergétique de la décharge luminescente subnormale [68-70] DC en deux dimensions. Le modèle utilisé est basé sur la résolution des trois moments de l'équation de Boltzmann couplés avec l'équation de Poisson. Le système d'équations du modèle 2D se présente comme suit :

$$\frac{\partial n_e}{\partial t} + \nabla \phi_e = S \qquad \text{(Eq.IV.1)}$$

113

$$\phi_e = -\mu_e E n_e - \nabla D_e n_e \qquad \text{(Eq.IV.2)}$$

$$\frac{\partial n_+}{\partial t} + \nabla \phi_+ = S \qquad \text{(Eq.IV.3)}$$

$$\phi_+ = \mu_+ E n_+ - \nabla D_+ n_+ \qquad \text{(Eq.IV.4)}$$

$$\frac{\partial n_e \varepsilon_e}{\partial t} + \frac{5}{3} \nabla \phi_\varepsilon = S_\varepsilon \qquad \text{(Eq.IV.5)}$$

$$S_\varepsilon = -e\phi_{e_L} E_L - e\phi_{e_T} E_T - K_i N n_e \exp(-E_i / K T_e) H_i \qquad \text{(Eq.IV.6)}$$

$$\phi_{e_L} = -\mu_e E_L n_e - \frac{\partial D_e n_e}{\partial x} \qquad \text{(Eq.IV.7)}$$

$$\phi_{e_T} = -\mu_e E_T n_e - \frac{\partial D_e n_e}{\partial y} \qquad \text{(Eq.IV.8)}$$

$$\nabla E = \frac{|e|}{\varepsilon_0}(n_i - n_e) \qquad \text{(Eq.IV.9)}$$

$$E_L = -\frac{\partial V}{\partial x} \qquad \text{(Eq.IV.10)}$$

$$E_T = -\frac{\partial V}{\partial y} \qquad \text{(Eq.IV.11)}$$

Avec:

✓ ϕ_{e_L}, le flux électronique longitudinal suivant l'axe X

✓ ϕ_{e_T} , le flux électronique transversal suivant l'axe Y

✓ E_L, le champ électrique longitudinal suivant l'axe X

✓ E_T, le champ électrique transversal suivant l'axe Y

Les paramètres de transport du gaz, utilisés sont rapportés dans le tableau III-1 avec un coefficient de diffusion électronique égal à 10^6 cm^{2}s^{-1}. La densité du gaz est égale à $2{,}83.10^{16}$ cm^{-3}. Le potentiel électrique appliqué est -77.4 volts à la cathode et zéro volts à l'anode. La distance inter-électrodes est 3.525 cm et le rayon des électrodes est 5.08 cm. Les conditions initiales et aux limites sont présentées dans le paragraphe II-8.

IV-3 RESULTATS DE LA SIMULATION DE L'ETAT PRES STATIONNAIRE

Dans cette section, nous allons faire une analyse de l'évolution temporelle de la décharge luminescente subnormale dans une configuration bidimensionnelle de l'état prés stationnaire. A cet effet, nous avons choisi trois temps de simulation. Chaque temps indique le temps maximal de la décharge: Le premier temps correspondant à l'instant de démarrage de la simulation est égal à 3×10^{-9} s. Le deuxième temps de simulation à est de 5×10^{-5} s , enfin le troisième temps de simulation est de 10^{-4} s.

La figure IV-1 représente les distributions spatiales en 2D des densités électronique et ionique pour un temps maximal de simulation égal à 3×10^{-9} s. On observe que les densités électronique et ionique sont presque identiques, ce qui induit une charge d'espace nette très faible. Ceci est dû à de la densité initiale choisie (voir paragraphe II-7). On constate une petite déformation de la densité électronique au niveau des parois diélectriques due à la vitesse de propagation des électrons. Ces derniers se propagent beaucoup plus vite que les ions positifs.

La figure IV-2 représente les distributions spatiales en 2D du potentiel électrique et de la température électronique pour un temps maximal de simulation égal à3×10^{-9}s. On remarque que le potentiel électrique est caractérisé par une forme de Laplace. Ceci est dû à la charge d'espace nette qui tend vers à zéro. La température électronique est constante dans toute la surface occupée entre les électrodes, à cause de la température électronique initiale choisie (voir paragraphe II-7).

La figure IV-3 illustre les distributions spatiales en 2D des champs électriques longitudinal et transversal correspondant à un temps maximal de simulation égale à 3×10^{-9}s. On remarque que le champ électrique longitudinal est presque constant dans l'espace inter-électrodes à cause de la forme du potentiel électrique. On constate également une déformation du champ électrique transversal à cause des conditions aux limites et initiales des densités électronique et ionique d'une part et d'autre par les conditions aux limites de Neumann.

La figure IV-4 représente les distributions spatiales en 2D des densités électronique et ionique pour un temps maximal de simulation égal à 5 x 10^{-5}s. On remarque une pseudo apparition des régions cathodique et anodique. La région cathodique est caractérisée par une densité ionique plus élevée que la densité électronique du fait que les électrons se propagent beaucoup plus vite que les ions. Ce qui induit une charge d'espace nette importante.

La figure IV-5 illustre les comportements électrique et thermique de la décharge luminescente subnormale du potentiel électrique et de la température électronique pour un temps maximal de simulation égal à 5 x 10^{-5}s. Le potentiel est caractérisé par une chute importante dans la région cathodique à cause de la valeur importante de la charge d'espace nette. La température électronique est importante dans la région cathodique à cause de la présence du gradient du potentiel.

La figure IV-6 représente les distributions spatiales en 2D du champ électrique longitudinal et transversal pour un temps maximal de simulation égale à 5 x 10^{-5} s. Le champ électrique longitudinal est important dans la région cathodique à cause de la chute du potentiel électrique. Le champ transversal change de signe d'une d'autre, ce que fait dériver les espèces positives et négatives à l'intérieur de centre du réacteur de décharge.

La figure IV-7 illustre les distributions spatiales en 2D des densités électronique et ionique pour un temps maximal de simulation égal à 10^{-4}s. On remarque l'apparition claire des régions cathodique et anodique sans pour autant atteindre la convergence des grandeurs physiques (n_e, n_i, T_e....).

Les figures IV-8 et IV-9 représentent respectivement les distributions spatiales en 2D du potentiel électrique, de la température électronique et des champs électriques longitudinal et transversal pour un temps maximal de simulation égal à 10^{-4}s. Les distributions sont définies par les caractéristiques

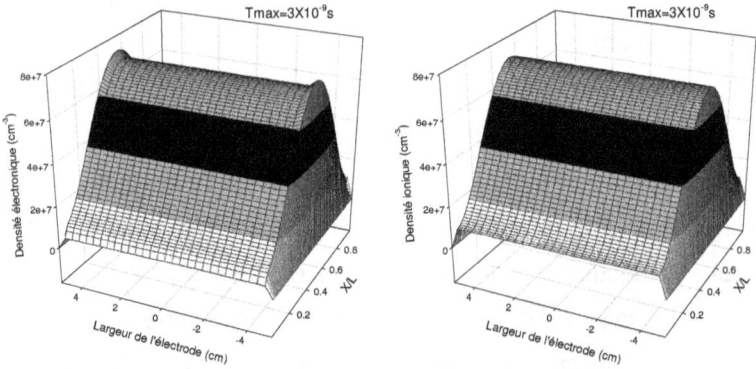

Figure IV-1 : *Présentation en 2D des distributions spatiales des densités électronique et ionique pour $T_{max}=3X10^{-9}s$*

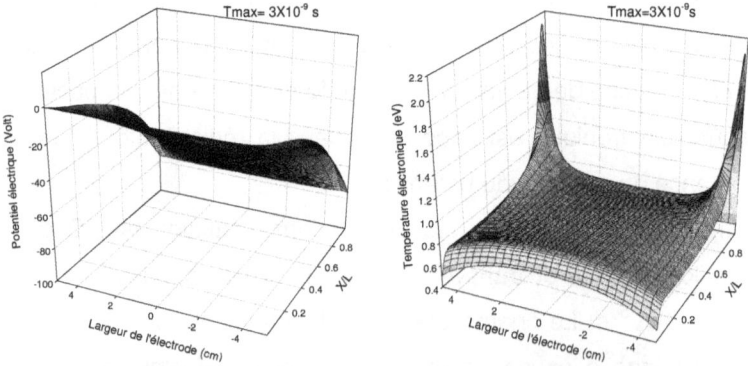

Figure IV-2 : *Présentation en 2D des distributions spatiales du potentiel et de la température électronique pour $T_{max}=3X10^{-9}s$*

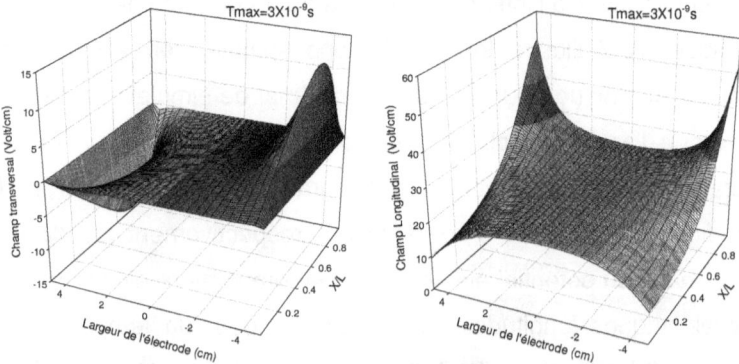

Figure IV-3 : *Présentation en 2D des distributions spatiales du champ électrique transversal et longitudinal pour $T_{max}=3X10^{-9}s$*

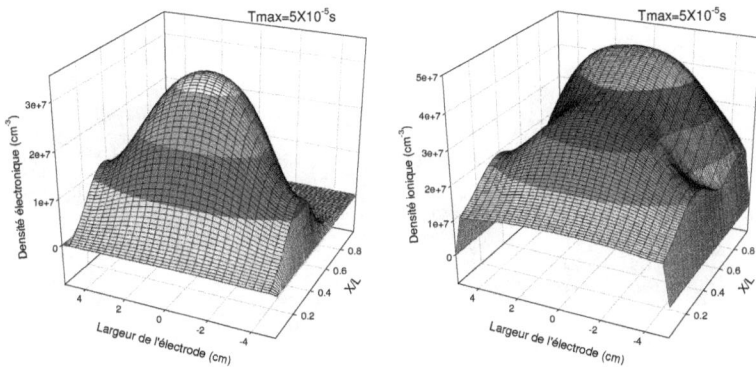

Figure IV-4 : *Présentation en 2D des distributions spatiales des densités électronique et ionique pour $T_{max}=5X10^{-5}s$*

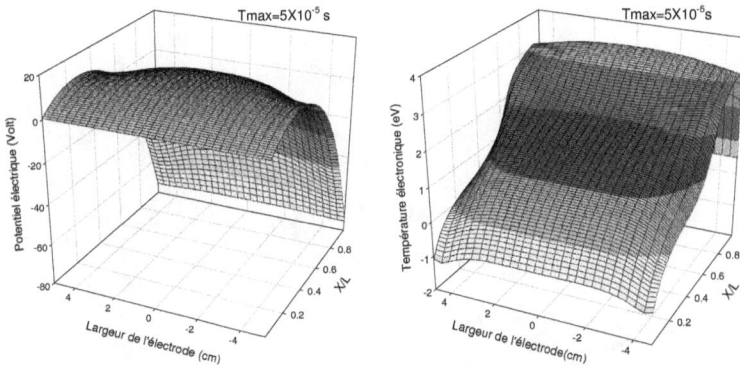

Figure IV-5 : *Présentation en 2D des distributions spatiales du potentiel et de la température électronique pour $T_{max}=5X10^{-5}s$*

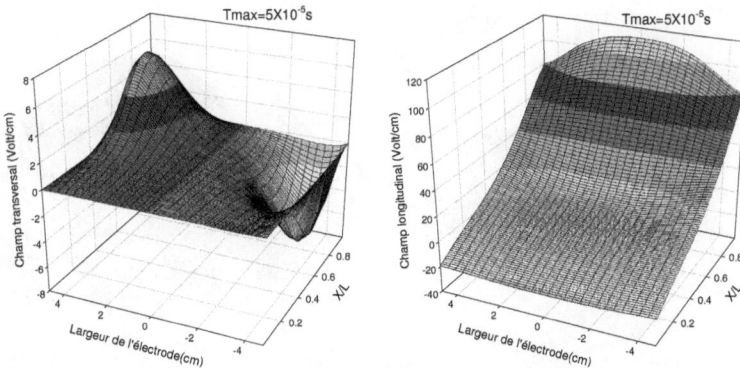

Figure IV-6 : *Présentation en 2D des distributions spatiales du champ électrique transversal et longitudinal pour $T_{max}=5X10^{-5}s$*

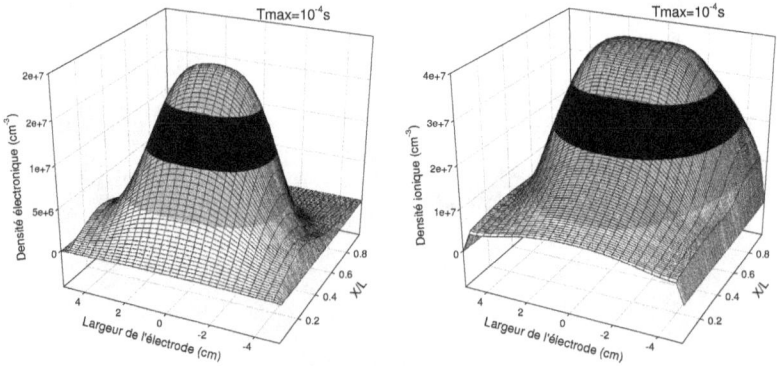

Figure IV-7 : *Présentation en 2D des distributions spatiales des densités électronique et ionique pour $T_{max}=10^{-4}s$*

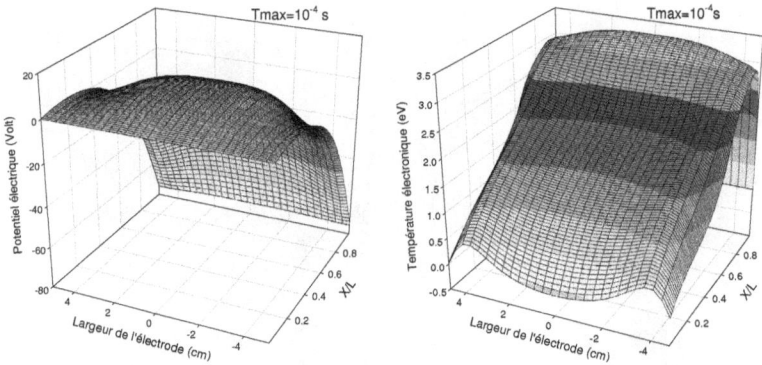

Figure IV-8 : *Présentation en 2D des distributions spatiales du potentiel et de la température électronique pour $T_{max}=10^{-4}s$*

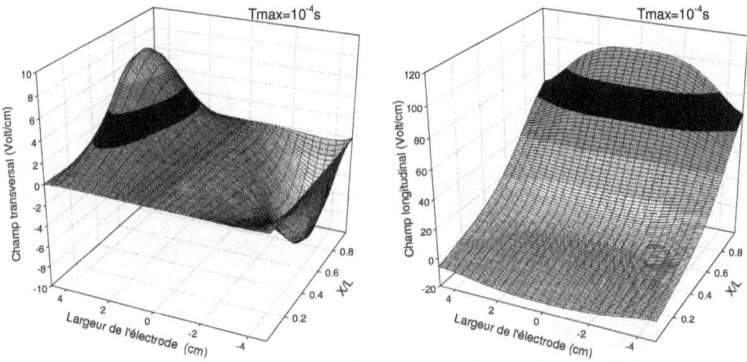

Figure IV-9 : *Présentation en 2D des distributions spatiales du champ électrique transversal et longitudinal pour $T_{max}=10^{-4}s$*

propres de la décharge luminescente subnormale. A noter que l'état stationnaire de la décharge n'est pas atteint.

IV-4 RESULTATS DE LA SIMULATION DE L'ETAT STATIONNAIRE

Dans cette section, nous allons présenter le comportement électrique et thermique à l'état stationnaire de la décharge luminescente subnormale en géométrie bidimensionnelle.

IV-4-1 Distribution spatiale des densités électronique et ionique

Les figures IV-10 et IV-11 illustrent les distributions spatiales en 2D et en courbes de niveaux des densités électronique et ionique à l'état stationnaire de la décharge. Elles montrent clairement la présence de deux régions distinctes.

Il s'agit de la gaine cathodique et de la région anodique. La première région est caractérisée par une densité électronique négligeable par rapport à la densité des ions. Ce gradient de densité dans cette région est dû au fait que les électrons se déplacent beaucoup plus rapidement que les ions en présence d'un gradient de potentiel, ce qui entraîne le dépeuplement de cette région par les électrons.

Dans la région anodique, la densité ionique est relativement importante par rapport à la densité électronique, ce qui se traduit par une accumulation des ions sous l'effet du champ électrique longitudinal. Sur les figures des courbes de niveaux IV-10 et IV-11, les densités électronique et ionique présentent une certaine symétrie de distribution sur l'axe porté au milieu de la largeur des deux électrodes.

On appellera dorénavant cet axe l'axe de symétrie. La densité électronique est toujours faible par rapport à la densité ionique dans toute la surface de l'espace inter électrodes. Le maximum de la densité électronique est de l'ordre de 10^7 cm^{-3}, tandis que le maximum de la densité ionique est de $3 \cdot 10^7$ cm^{-3}. Cet écart entre les densités empêche l'apparition du plasma.

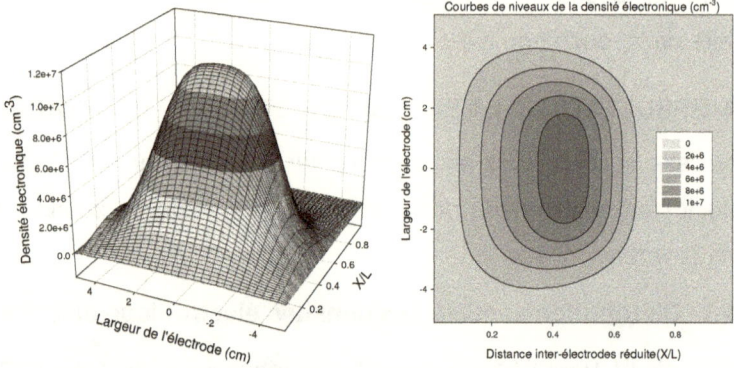

Figure IV-10 : *Présentation en 2D et en courbes de niveaux de la distribution spatiale de la densité électronique à l'état stationnaire*

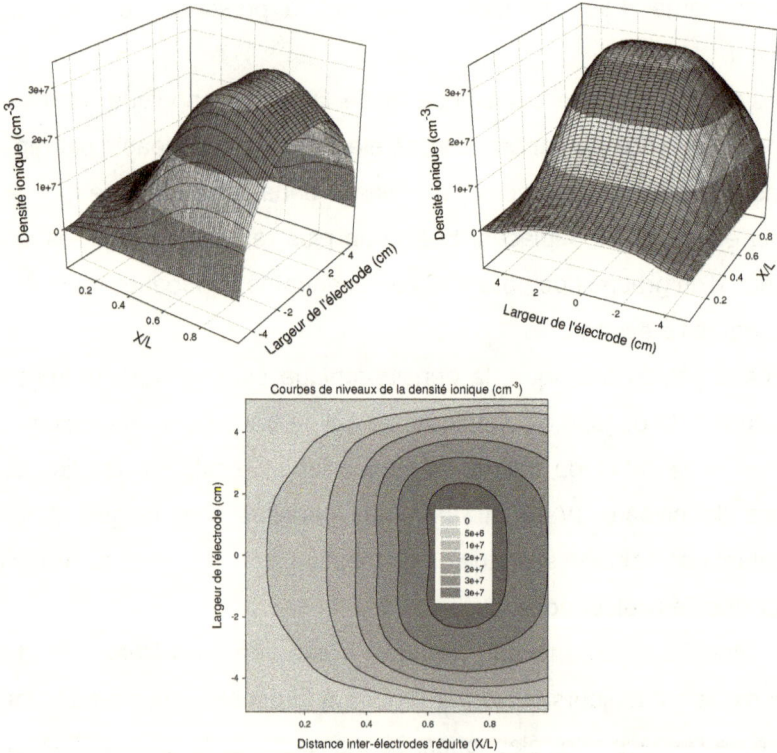

Figure IV-11 : *Présentation en 2D pour deux positions différentes et en courbes de niveaux de la distribution spatiale de la densité ionique à l'état stationnaire*

Dans la région anodique, on remarque à travers une comparaison entre les densités électronique et ionique une pseudo apparition de la colonne positive où se forme le plasma de la décharge luminescente normale.

IV-4-2 Distribution spatiale du potentiel et du champ électrique

Sur les figures IV-12, IV-13 et IV-14 on a représenté respectivement les distributions spatiales en 2D et en courbes de niveaux du potentiel électrique, et des champs longitudinal et transversal à l'état stationnaire de la décharge luminescente subnormale établie dans l'enceinte. Nous remarquons sur la figure IV-12, une importante chute de potentiel dans la région de la gaine cathodique.

Cette chute de potentiel est l'une des caractéristiques propre à la décharge luminescente subnormale. Dans la région anodique le potentiel varie légèrement, Ce comportement est normal, à cause de la valeur considérable de la densité de charge d'espace nette. La distribution du potentiel électrique prend une valeur égale à zéro volts à l'anode et -77.4 volts sur la cathode (conditions aux limites).

Dans la région anodique la distribution du potentiel est légèrement supérieure à la tension anodique. La figure IV-13 représente la distribution de la composante longitudinale du champ électrique. Dans la gaine cathodique la variation du champ est linéaire à cause de la chute du potentiel.

Le champ longitudinal varie dans la région anodique avec le potentiel électrique. Le champ change de signe. Le champ longitudinal est important prés de la surface de la cathode à cause de la valeur de la charge d'espace nette qui tend vers une valeur plus grande. Ce champ va faire dériver les espèces négatives (les électrons) vers la région anodique.

Dans la région où le champ change de signe, ce dernier va faire dériver les électrons au centre de l'espace inter électrodes, (voir sur les courbes de niveaux de la densité électronique).

La figure IV-14 représente la distribution du champ transversal, c'est-à-dire le champ perpendiculaire au sens de déplacement naturel des particules

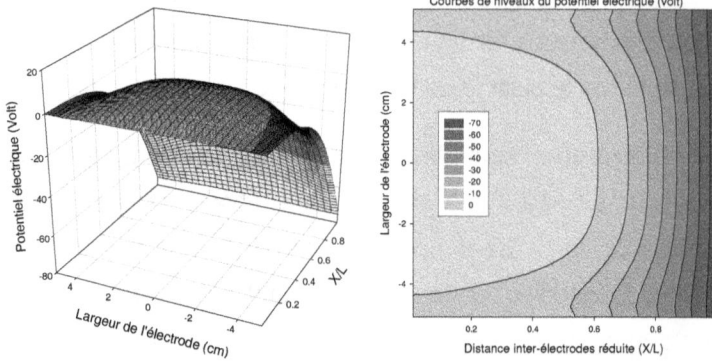

Figure IV-12 : *Présentation en 2D et en courbes de niveaux de la distribution spatiale du potentiel électrique à l'état stationnaire*

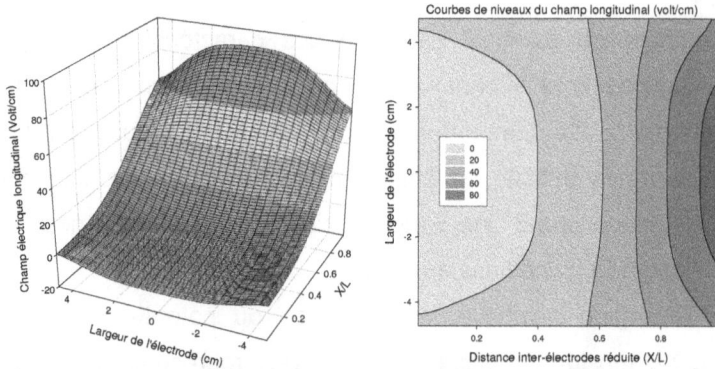

Figure IV-13 : *Présentation en 2D et en courbes de niveaux de la distribution spatiale du champ électrique longitudinal à l'état stationnaire*

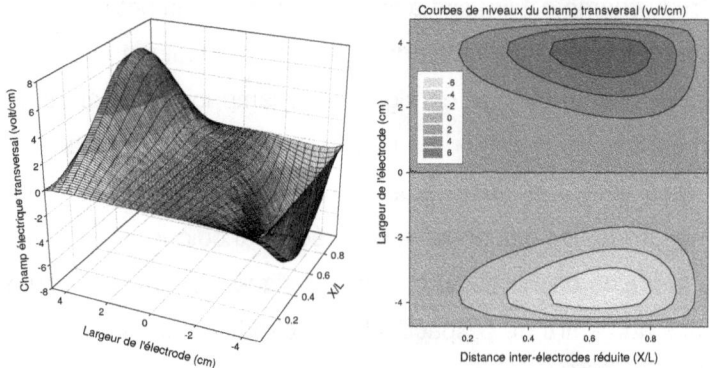

Figure IV-14 : *Présentation en 2D et en courbes de niveaux de la distribution spatiale du champ électrique transversal à l'état stationnaire*

chargées. On remarque que cette composante du champ est symétrique par rapport à la direction de déplacement longitudinal des particules chargées. Elle change de signe de part et d'autre de cette direction. Cela signifie que ce champ électrique transversal fait dériver vers le centre de la décharge les particules chargées qui ont tendance à s'écarter de son axe de déplacement par diffusion ionique et électronique. Les électrons et les ions sont ramenés sans cesse vers l'intérieur de la décharge tant que celle-ci reste établie.

On remarque que le champ transversal sur les parois diélectriques est caractérisé par une valeur très faible, il est de l'ordre 7 V/cm, à cause du choix des conditions de Neumann. Ce choix est lui-même dû à la valeur très importante du coefficient de diffusion électronique.

IV-4-3 Distribution spatiale de la température électronique et du terme source

Les distributions spatiales en 2D et en courbes de niveaux de la température électronique, du terme source d'ionisation et du terme source d'énergie à l'état stationnaire de la décharge luminescente subnormale sont représentées respectivement sur les figures IV-15, IV-16 et IV-17.

La distribution de la température électronique caractérise l'énergie des électrons mobiles du gaz ionisé. T_e prend une valeur importante au niveau de la cathode, puis décroît progressivement jusqu'a l'anode. On remarque que la distribution de la température électronique est linéaire dans l'enceinte de la décharge.

Elle est due au champ électrique longitudinal. L'énergie des électrons est plus élevée, elle est de l'ordre 3.2 eV dans la région cathodique, ce qui induit une ionisation du gaz dans cette région plus importante que dans la région anodique où l'énergie des électrons a une valeur faible, elle est de l'ordre 0.5 eV. La distribution de la température électronique respecte la condition aux limites où la température électronique est égale à 0.5 eV sur la cathode.

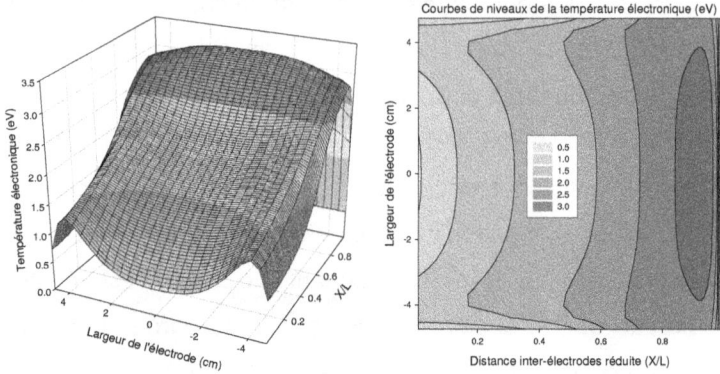

Figure IV-15 : *Présentation en 2D et en courbes de niveaux de la distribution spatiale de la température électronique à l'état stationnaire*

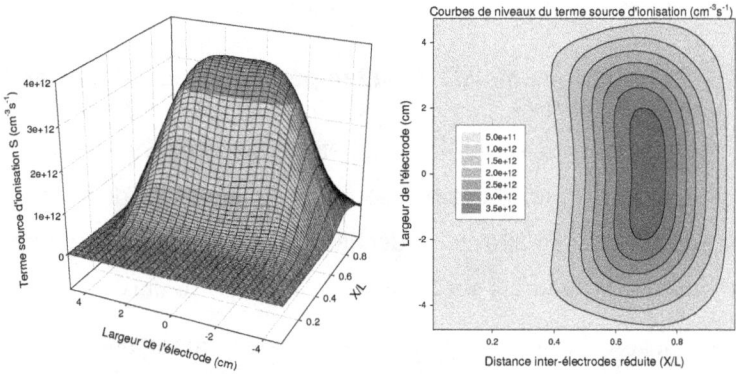

Figure IV-16 : *Présentation en 2D et en courbes de niveaux de la distribution spatiale du terme source d'ionisation à l'état stationnaire*

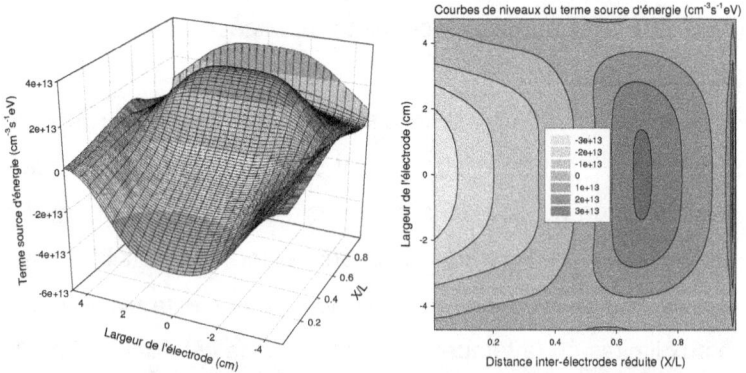

Figure IV-17 : *Présentation en 2D et en courbes de niveaux de la distribution spatiale du terme source d'énergie à l'état stationnaire*

Le terme source de production de paires d'électron-ion est généré uniquement par le processus d'ionisation dans ce type de décharge. On remarque que sa distribution est importante dans la région cathodique car l'ionisation est effectuée en présence d'un champ électrique longitudinal intense et une température électronique importante.

Le terme source d'énergie est composé de trois termes dans le cas d'une géométrie bidimensionnelle. Deux termes sont dus à l'échauffement, (un, généré par le champ électrique longitudinal avec le flux électronique longitudinal, et l'autre, généré par le champ électrique transversal avec le flux électronique transversal). Le troisième terme est dû à l'effet de refroidissement des électrons du gaz.

On remarque que le terme source d'énergie est symétrique dans l'ordre de grandeur à cause de l'équilibre des phénomènes physiques mis en jeux (refroidissement et échauffement). L'effet de l'échauffement dû au champ électrique transversal est perceptible sur les parois diélectriques.

IV-4-6 Distribution spatiale du flux d'énergie longitudinal

Le comportement thermique du flux d'énergie électronique longitudinal à l'état stationnaire de la décharge luminescente subnormale est illustré sur la figure IV-18.

On remarque que le flux est important dans la région cathodique et négligeable à la cathode et à l'anode. Ceci est du aux conditions aux limites de l'énergie électronique à la cathode et de la densité électronique à l'anode. On remarque que la température électronique influe directement sur le flux d'énergie des électrons. Par conséquence, on dit que l'énergie des électrons est plus importante par rapport au champ électrique sur le comportement thermique du flux d'énergie longitudinal. On constate que la valeur de la crête du flux d'énergie longitudinal est de l'ordre de -2 X10^{13} cm^{-2}s^{-1} eV.

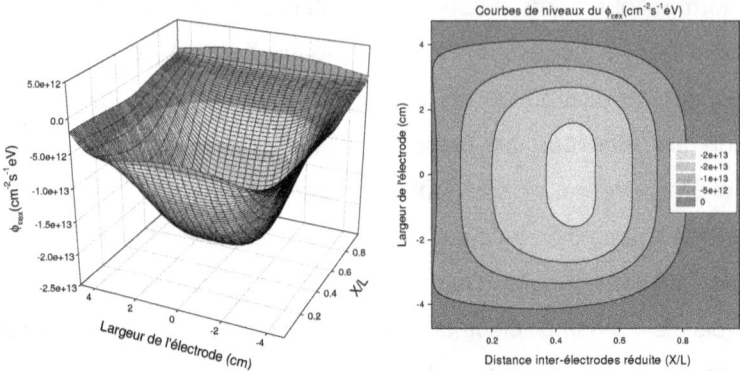

Figure IV-18 : *Présentation en 2D et en courbes de niveaux de la distribution spatiale du flux d'énergie électronique longitudinal à l'état stationnaire*

IV-4-7 Distribution spatiale des densités des courants longitudinaux

Les figures IV-19, IV-20 et IV-21 représentent les distributions spatiales en 2D et en courbes de niveaux des densités de courant longitudinaux électronique, ionique et total de la décharge à l'état stationnaire.

On remarque que les distributions des densités de courant sont plus importantes sur l'axe de symétrie, puis décroissent linéairement vers les parois diélectriques à cause des conditions aux limites imposées. La densité de courant électronique dans la région anodique est beaucoup plus élevée que dans la région cathodique, elle est de l'ordre -7.10^{-4} mA.cm^{-2}.

Cette densité de courant électronique longitudinal n'est pas nulle dans la région cathodique ou prés de la surface cathodique à cause de l'émission secondaire électronique, du fait du bombardement de la cathode par les ions positifs du gaz ionisé. Les lignes de la densité de courant total sont globalement constantes dans l'espace longitudinal inter électrodes.

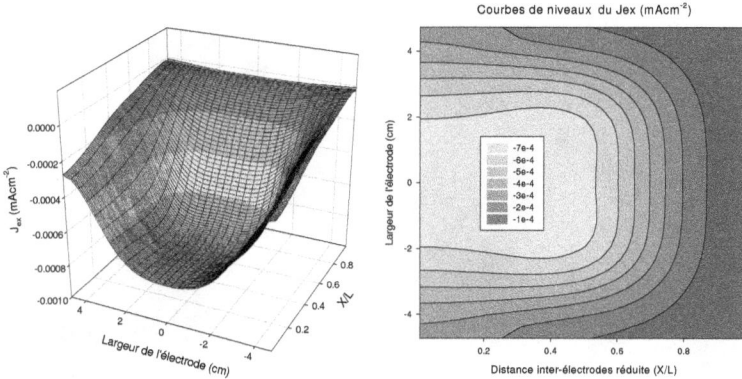

Figure IV-19 : *Présentation en 2D et en courbes de niveaux de la distribution spatiale de la densité de courant électronique longitudinal à l'état stationnaire*

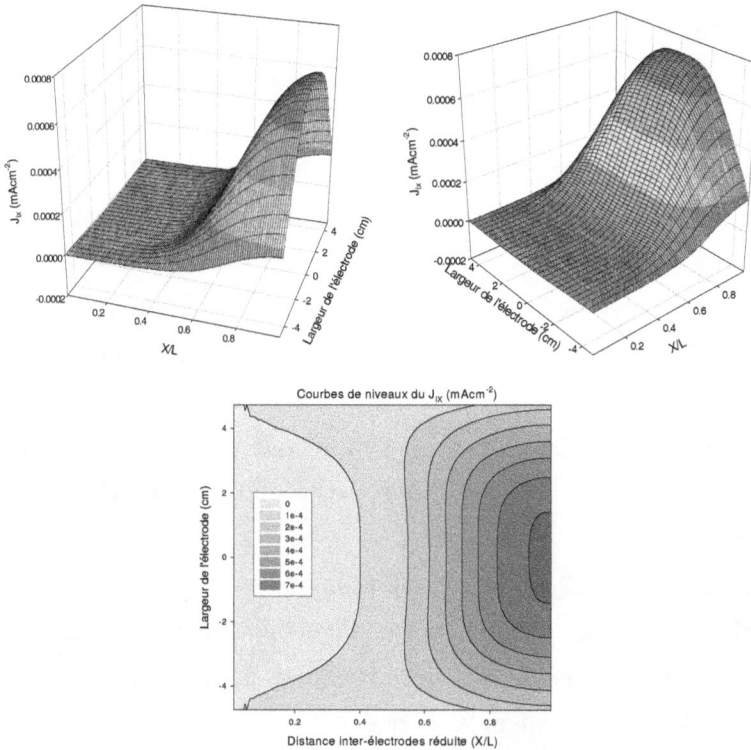

Figure IV-20 : *Présentation en 2D et en courbes de niveaux de la distribution spatiale de la densité de courant ionique longitudinal à l'état stationnaire*

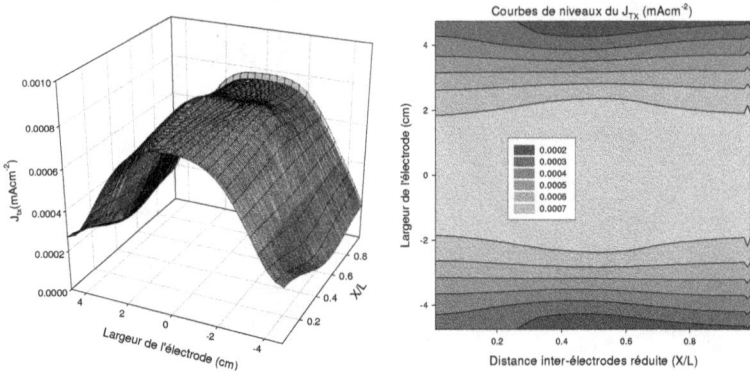

Figure IV-21: *Présentation en 2D et en courbes de niveaux de la distribution spatiale de la densité de courant total longitudinal à l'état stationnaire*

IV-3 TEST DE VALIDITE DANS L'ARGON

Dans ce paragraphe, nous allons valider nos résultats 2D de la décharge luminescente subnormale maintenue par émission secondaire électronique à la cathode dans un gaz basse pression et une tension continue. Le modèle de cette décharge est basé sur les trois moments de l'équation de Boltzmann avec un coefficient de diffusion électronique constant.

Afin de valider nos résultats, nous avons travaillé dans les mêmes conditions électriques, thermiques et géométriques que Lin et Adomaitis. A cet effet, le comportement électrique et thermique de la décharge luminescente en 2D est le même que dans une géométrie monodimensionnelle (1D), avec une petite modification dans des cas particuliers.

Les figures IV-22 à IV-27 représentent la comparaison entre les distributions spatiales à l'état stationnaire de la décharge sur l'axe de symétrie issues du code 2D et/ou celles données par Lin et le code 1D.

On remarque sur la figure IV-22 que la distribution du potentiel électrique issue du code 2D est identique à celle donnée par Lin. De même pour le champ électrique longitudinal issue du code 2D et celui obtenu par le code 1D.

Sur la figure IV-23, on remarque que la distribution de la température électronique issue du code 2D est également identique à la distribution donnée par Lin. En conclusion, on peut dire que notre code 2D de la décharge luminescente subnormale est tout à fait fiable.

La figure IV-24 illustre la comparaison entre les distributions des densités électronique et ionique issue du code 2D avec celles données par Lin. On remarque que nos densités sont légèrement supérieures à celles données par Lin à cause de l'absence de la colonne positive de la décharge luminescente.

En conséquent, les distributions des densités des courant longitudinaux (Figure IV-25) sont eux aussi légèrement supérieures à celles donnés par Lin.

En effet, les distributions spatiales du terme source d'ionisation S et du terme source d'énergie (Figures IV-26 et IV-27)) issues du code 2D sont légèrement supérieures à celles données par le code 1D, ceci, à cause du terme source d'ionisation qui dépend de la densité électronique et du terme source d'énergie d'énergie qui lui dépend du terme source d'ionisation.

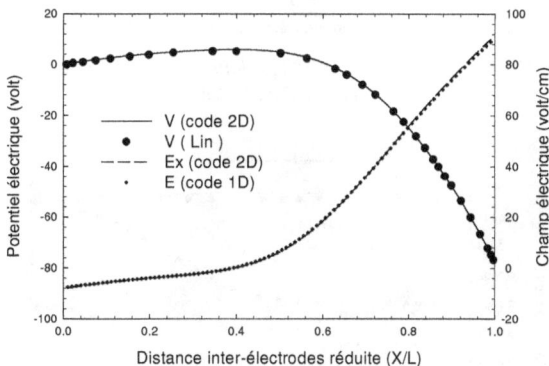

Figure IV-22: *Comparaison entre le potentiel et le champ électrique longitudinal issues du code 2D et celles de Lin et le code 1D*

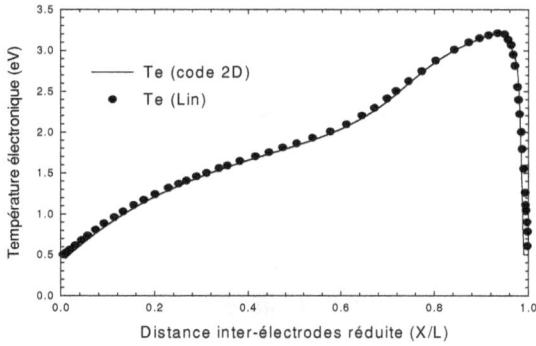

Figure IV-23: *Comparaison entre la température électronique issue du code 2D et celle de Lin*

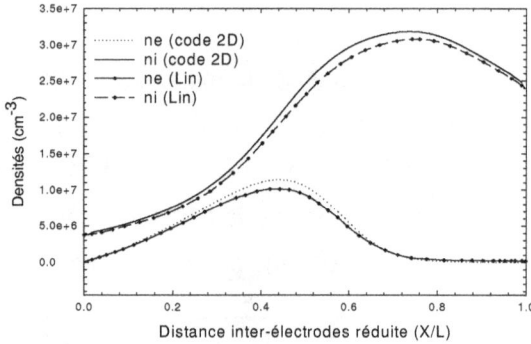

Figure IV-24: *Comparaison entre les densités électronique et ionique issues du code 2D et celles de Lin*

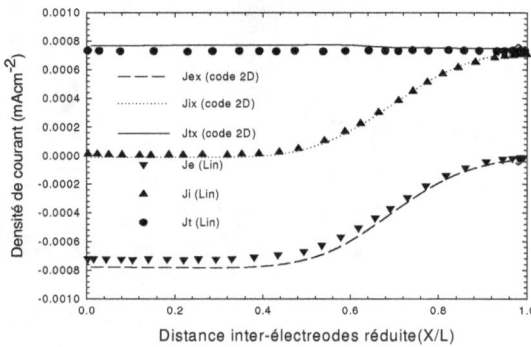

Figure IV-25: *Comparaison entre les densités du courant longitudinaux issues du code 2D et celles de Lin*

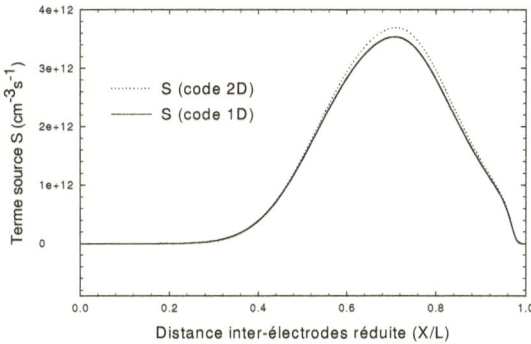

Figure IV-26: *Comparaison entre le terme source S issue du code 2D et celle du code 1D*

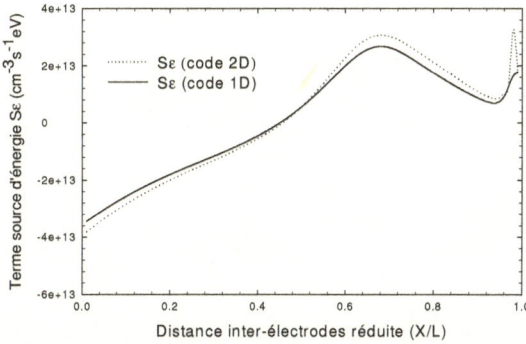

Figure IV-27: *Comparaison entre le terme source d'énergie Sε issue du code 2D et celle du code 1D*

IV-4 CONCLUSION

Dans ce chapitre nous avons développé le code numérique 2D de la décharge luminescente subnormale basse pression entretenue par émission secondaire à la cathode pour une géométrie cartésienne bidimensionnelle. Cette configuration nous a permis de prendre en compte l'expansion transversale de la décharge. De ce fait les propriétés présentées traduisent de façon plus réaliste le comportement de la décharge. Sur les figures IV-1 à IV-21 nous avons pu voir les distributions spatiales des densités électroniques et ioniques, du potentiel, de la température électronique, des champs transversal et longitudinal, des termes sources d'ionisation et d'énergie, des densités de courant électronique, ionique et total aussi bien que le flux d'énergie. Les résultats présentés ont été validés en les comparant au code 1D et à ceux issus de la littérature (figures IV-22 à IV-27).

CONCLUSION

Ce travail de recherche a été consacré à l'étude du comportement électrique et thermique des particules chargées dans un gaz monoatomique (l'argon) dans une décharge luminescente. L'objectif était de déterminer par des méthodes de simulation (modèle fluide d'ordre 2) les propriétés électriques et thermiques de la décharge luminescente en 1D et 2D.

Dans le premier chapitre, nous avons présenté les généralités sur les propriétés d'une décharge luminescente entre deux électrodes planes parallèles, les domaines d'application industrielle de la décharge et les différents modèles utilisés pour sa description. Le modèle particulaire, le modèle fluide et le modèle hybride fluide–particulaire sont discutés ainsi que les différentes approximations qu'ils impliquent. Le modèle fluide, que nous avons utilisé dans notre code numérique est basé sur la résolution des trois premiers moments de l'équation de Boltzmann couplés de façon auto-cohérente à l'équation de Poisson.

Dans le deuxième chapitre nous avons présenté le modèle physique pour la modélisation en 1D et 2D d'une charge luminescente dans l'argon en régime continu. A cet effet nous avons introduit les équations de conservation des particules chargées à résoudre. Ce sont les équations de conservation classique de continuité, de la quantité de mouvement et l'équation de l'énergie des électrons qui sont couplées à l'équation de Poisson pour tenir compte de la charge d'espace. La résolution des équations de transport après discrétisation par la méthode des différences finies à flux exponentiel est effectuée par la méthode de Thomas dans le cas du modèle 1D et par la méthode de sur-relaxation combinée à l'algorithme de Thomas dans le cas du modèle 2D.

Dans le chapitre trois, nous avons déterminé les caractéristiques en 1D de la décharge luminescente entretenue par émission secondaire à la cathode et étudié l'influence de la tension appliquée, le coefficient d'émission secondaire et de la pression, sur le comportement de la décharge luminescente. Les résultats présentés concernent les variations spatiales des densités électronique et ionique, du potentiel, du champ électrique, la température électronique…. Nous avons noté que:

➢ Le potentiel électrique dans la colonne positive est sensiblement égal au potentiel appliqué.

➢ Le profil de la température électronique présente un pic au niveau de la région cathodique.

✓ Avec l'accroissement de la tension:

➢ L'augmentation des flux d'énergie et électronique et les termes sources

➢ les densités électronique et ionique augmentent et la colonne positive s'élargit entraînant la contraction des gaines cathodique et anodique.

➢ Le potentiel cathodique est égal au potentiel appliqué à la cathode.

➢ Le champ électrique et la température électronique augmentent dans la région cathodique et restent quasi constants dans les deux autres régions de la décharge.

✓ Avec l'accroissement de la pression.

➢ L'épaisseur des gaines cathodique et anodique diminue en raison de l'augmentation de la surface occupée par la colonne positive.

➢ Le potentiel et le champ électrique ne change que légèrement.

➢ La température électronique diminue.

✓ L'influence de la valeur du coefficient d'émission secondaire sur les caractéristiques électriques de la décharge luminescente est similaire à celle de la tension appliquée.

Le quatrième chapitre était consacré à l'étude de la décharge luminescente subnormale dans une géométrie bidimensionnelle. Les distributions spatiales en 2D des densités de particules chargées, le potentiel, le champ électrique, la température électronique, les termes sources d'ionisation et d'énergie et les densités de courant longitudinal et transversal sont présentées.

REFERENCES

[1] M. Meyyappan and J.P.L Kreskovsky, J.Appl. Phys, 68, 1504 (1990).

[2] A. Bogarets and R. Gijbels, J.Appl. Phys. 78, 2233(1995).

[3] A. Bogaerts et R. Gijbels, J. Appl. Phys. 79, 1279(1996).

[4] A. Bogarts and R. Gijbels, J. Analytical Atomic Spectrometry. 12, 751(1997).

[5] A. Bogaerts and R. Gijbels, J. Anal chem. 331(1997).

[6] Ivan Revel, "Simulation Monte Carlo des Particules lourdes dans une décharges luminescente basse pression", Thèse de doctorat de L'Université de Toulouse, France (1999).

[7] A. L. Ward, Phys. Rev. 112, 1852 (1958).

[8] J. Lowke and K. Davies, J. Appl. Phys. 48, 4991(1977).

[9] J. L. Neuringer, J. Appl. Phys. 49, 590 (1978).

[10] A. J. Davies and J. G. Evans, J. Phys. D 13, 121(1980).

[11] P. Bayle, J. Vacquie, and M. Bayle, Phys. Rev. A 34, 360 (1986).

[12] D.B. Graves and K.F. Jensen, IEEE Trans. Plasma Sci. PS-14, 78, (1986).

[13] B. E. Thompson, H. H. Sawin, and A. Owens, Mater. Res. Soc. Symp. Proc. 68, 243 (1986).

[14] J.P. Bœuf, Phys. Rev. A 36, 2782 (1987).

[15] Yong-Ho Oh, Nak-Heon Choi and Duk-In Choi, J. Appl. Phys. 67, 3264(1990).

[16] A.L. Ward, Phys. Rev. 112, 1852 (1958).

[17] A.L. Ward, J. Appl.Phys.33, 2789 (1962).

[18] Z. Donko, Phys. Rev. E 57, 7126(1998).

[19] J.P. Boeuf and A. Merad, Ed. P.F. Williams, Serie E: Applied Sciences – Vol 336 (NATO ASI on Plasma Processing of Semiconductors), 291-319 (1997).

[20] T.E. Nitchke, and D.B. Graves, J. Appl. Phys. 76, 5646 (1994).

[21] M. Surendra, and M. Dalvie, Physical Review E 48 (5), 3914, (1993).

[22] B.P. Wood, M. A. Liebermann, and A. J. Lichtenberg, IEEE trans. on Plasma Science 23 (1), 89 (1995).

[23] M. Surendra, D. Vender, Appl. Phys. Lett. 65 (2), 1 (1994).

[24] M. M. Turner, Physical Review Letter 75 (7), 1312 (1995).

[25] A. Bogaerts, M. Van Straaten, and R. Gijbels, Spectrochemica acta 50B (2), 179 (1994).

[26] M.J.Goeckner, J.A. Goree, and T.E. Sheridan Jr, IEEE Trans, on Plasma Science (19 (2), 301 (1991).

[27] G. M. Turner, Monte Carlo, J. Vac. Sci. Technol. A 13 (4), 2161 (1995).

[28] C. Pedoussat " Modélisation auto-coherente de la pulvérisation cathodique dans les décharges luminescentes basse pression ", Thèse de Doctorat, Université Paule Sabatier de Toulouse, France, n°3524 (1999).

[29] A.Hamid, ''modélisation numérique mono et bidimensionnelle d'une décharge luminescente en régime continue basse pression'', Thèse de Doctorat d'état, Université des Sciences et Technologie d'Oran Mohamed Boudhiaf (USTO-MB), Algérie,(2005).

[30] A. Hamid, A.Hennad and M.Yousfi, 1er Conférence Nationale Rayonnement –Matière CNRM1, université de Tébessa, 64 (2003).

[31] A. Hamid, **A. Bouchikhi**, A.Hennad et M.Yousfi, VIII congrès Plasma de la Société Française de Physique SFP, CEA/Cadarache /France du 5 au 7 mai (2003).

[32] A.Hamid, A.Hennad, **A.Bouchikhi** et M.Yousfi, "Modèle numérique 2D d'une décharge luminescente dans l'argon", (ISSN-1111-4924), ANNABA, ALGER, (2004).

[33] A.Hamid, **A.Bouchikhi**, A.Hennad, et M.Yousfi, "Détermination des caractéristiques électrique d'une décharge luminescente en 2D", CNHT-ORAN, 70-74, (2003).

[34] A.Hamid, **A.Bouchikhi**, A.Hennad, et M.Yousfi, "Détermination des caractéristiques électrique d'une décharge luminescente en 1D", CNHT-ORAN, 67-69, (2003).

[35] A.Hamid, A.Hennad, **A.Bouchikhi** et M.Yousfi, "Etude terminologique en 2D de la décharge luminescente en présence d'un terme d'ionisation constant", CIPA-ORAN, 392-396, (2003).

[36] A.Hamid, A.Hennad, A.Flitti et **A.Bouchikhi**, "Détermination des différents régimes d'une décharge luminescente avec un terme source d'ionisation constant", Tiaret, (2004).

[37] A.Hamid, A.Hennad, A.Flitti et **A.Bouchikhi**, "Comportement électrique en 2D d'une décharge luminescente avec un terme source d'ionisation constant", DIRASSAT-Laghouat, 162-166, (2004).

[38] K. Yanallah " Etude des propriétés d'un plasma basse pression, application a l'étude des lampes ", Mémoire de Magister département de physique USTO-MB (2002).

[39] J. P. Boeuf, J. Appl. Phys. 63, 1342 (1988).

[40] **A. Bouchikhi** '' Modélisation bidimensionnelle de la décharge luminescente en présence d'un terme d'ionisation constant'', Mémoire de Magister Département d'Electrotechnique USTO-MB (2003).

[41] **A.Bouchikhi**, A.Hamid, A.Hennad "Etude d'une décharge luminescente Dans une géométrie cartésienne ", QLQCOM; SAIDA, (2004).

[42] A. Fiala " Modélisation numérique bidimensionnelle d'une décharge luminescente à basse pression ", Thèse de Doctorat ès–sciences, Université Paule Sabatier de Toulouse, France, n° 2059 (1995).

[43] W. Schmitt, W. Köhler, and H. Ruder J. Appl. Phys. 71, 5783 (1992).

[44] Ph. Belenguer, and J.P. Boeuf Physical Review, 41, 4447 (1990).

[45] A. Fiala, L.C. Pitchford, and J.-P. Boeuf, Physical Review E 49 (6), 5607-5622 (1994).

[46] L. C. Pichford, N. Ouadoudi, J.P. Boeuf, M. Legentil, V. Puech, J. C.Thomaz, and M. A. Gundersen, Appl. Phys. 78, 77-89 (1995).

[47] J.P. Boeuf, and L.C. Pitchford, IEEE Trans. on plasma Sci. 19(2), 286-296 (1991).

[48] W. Cronrath, M.D. Bowden, K. Uchino, K. Muraoka, H. Muta, and M. Yochida, J. Appl. Phys. 81(5), 2105 (1997).

[49] R. K. Porteous, H. M. Wu, and D. B. Graves, Plasma Source Sci. Technol. 3(1), 25 (1994).

[50] D. L. Scharfetter and H. K. Gummmel, IEEE Trans. Electron Devices 16, 64(1969).

[51] T. J. Sommerer, and M. J. Kushner, J. Appl. Phys. 71 (4), 1654, (1992).

[52] R.J. Hoekstra, and M.J. Kushner, J. Appl. Phys. 79 (5), 2275 (1996).

[53] H.H. Hwang, J.K Olthoff, R.J. Van Brunt, S. B. Radovanov, and M. J. Kushner, J. Appl. Phys. 79(1), 93 (1996).

[54] A.Merad, "Modélisation fluide des décharges radio fréquences basse pression, à couplage capacitif, et considération de la présence de poudres" Thèse de Doctorat, Université Paule Sabatier de Toulouse, France, n°2932 (1998).

[55] J. P. Nougier " Méthodes de calcul numérique ", 2e édition Masson, Paris, (1985).

[56] Yi-hung Lin, Raymond A Adomaitis, Physics Letters, A 243,142 (1998).

[57] Yi-hung Lin, Raymond A Adomaitis, "A global basis function approach to DC glow Discharge Simulation", Technical research report, T.R. 81, Maryland, (1997).

[58] Yi-hung Lin., "From Detailed Simulation to Model Reduction: Development of Numerical Tools for a Plasma Processing Application". PhD. Thesis, Institute for Systems Research University Maryland, (1999).

[59] S. Park and D. J. Economou, J. Appl. Phys. 68, 3904 (1990).

[60] D. Dupouy " Calcul des paramètres de transport dans l'helium et les mélanges helium-cadmium, détermination autocoherente du champ de charge d'espace dans la région cathodique d'une décharge luminescente

", Thèse de Doctorat de 3ème cycle , Université Paule Sabatier de Toulouse, France, n° 3238 (1985).

[61] **A.Bouchikhi**, A.Hamid et A.Flitti,"Détermination des propriétés électriques de la décharge de Townsend", 5th ICEE, Batna, Alger, (2008).

[62] **A.Bouchikhi,** A.Hamid, A.Flitti and A.Tilmatine "The Application of the 2 order Fluid Model for the Townsend's Discharge Study ", ACTA ELECTROTEHNICA, Vol.48 N.2, 404-411, (2008).

[63] **A.Bouchikhi**, A.Hamid, "One dimensional Continuum Model for DC Glow Discharge", ICEEDT'08, TUNISIA (2008).

[64] **A.Bouchikhi**, A.Hamid,"Etude d'une décharge luminescente en utilisant le modèle fluide d'ordre 2", CNHT-Taghit, 36-39, (2007).

[65] **A.Bouchikhi**, A.Hamid,"Etude paramétrique d'une décharge luminescente à partir du modèle fluide d'ordre 2", CNHT-Taghit, 40-45, (2007).

[66] **A.Bouchikhi**, A.Hamid, "Détermination des caractéristiques électriques d'une décharge luminescente a partir du modèle fluide d'ordre 2", CIPA-ORAN, (2007).

[67] **A.Bouchikhi,** A.Hamid, "Through solutions to the moments of the Boltzmann equation for DC Glow Discharge", IREPHY, Vol.2 N.4, 196-203, August (2008).

[68] **A.Bouchikhi**, A.Hamid, "Modélisation Bidimensionnelle d'une Décharge Luminescente Subnormale à partir des trois moments de l'équation de Boltzmann", CNHT-Sidi-Bel-Abbès, 20-25, (2009).

[69] **A.Bouchikhi**, A.Hamid, "Distributions Bidimensionnelles des densités de courant dans une Décharge Luminescente Subnormale ", ICEL-ORAN, (2009).

[70] **A.Bouchikhi,** A.Hamid, "2D DC Subnormal Glow Discharge in Argon", Plasma Sci. Technol, Vol. 12 N.1, 59-66, (2010).

www.ingramcontent.com/pod-product-compliance
Lightning Source LLC
Chambersburg PA
CBHW021101210326
41598CB00016B/1282